KB150911

알칼리 이온수가
내 몸을 살렸다

바이온텍 조규대 회장의 건강비법 & 경영철학

알칼리 이온수가
내 몸을 살렸다

조규대 지음

국일미디어

머리말

철학자 쇼펜하우어는 '행복의 90%는 건강에 좌우된다'는 말을 남
겼다. 행복의 첫째 조건으로 건강을 꼽은 것이다. 한 번이라도
큰 병으로 앓아누워본 사람이라면 이 말에 공감하지 않을 수 없
을 것이다.

그렇다면 건강은 어떻게 얻을 수 있는가? 건강을 지키는 최
고의 방법은 각종 질병에 걸리지 않도록 평소의 생활습관을 관
리하는 것이다. 이를 위해 많은 현대인들이 규칙적으로 운동을
하고 식단을 챙긴다.

이것만 잘할 수 있다면 누구나 건강할 수 있을 것이다. 하지
만 문제는 이게 실천하기가 쉽지 않다는 데 있다. 바쁜 업무로
인해 운동은 거르기 일쑤고 사회생활을 하다보면 몸에 좋은 식

단을 챙겨먹기가 쉽지 않다.

　나는 그런 상황에 놓인 현대인들에게 '물을 챙기라'고 말하고 싶다. 마시는 물을 관리하는 것은 운동을 하고 식단을 챙기는 것보다 훨씬 쉽기 때문이다. 이미 질병에 걸린 사람 또한 마찬가지다. 그러한 병에 걸리기까지 어떤 물을 마셔왔는지를 체크해보고 앞으로 어떠한 물을 마실지를 챙겨야 한다.

　물은 인체의 약 70%를 차지하는 생명의 근간이다. 전신에 산소와 영양분을 공급하는 혈액은 물로 구성되어있으며 인체의 가장 작은 구성단위인 세포는 내부가 모두 물로 채워져있다. 때문에 우리가 어떤 물을 마시는지는 인체의 각종 메커니즘에 생각보다 많은 영향을 끼친다.

　우리가 마시는 물이 각종 오염물질에 더럽혀져있으면 몸속의 물에도 그러한 물질이 쌓인다. 또 우리의 몸 어딘가에 질병이 생긴다면 거기에서 발생하는 염증이 몸속의 물을 오염시키기도 한다. 이렇게 오염된 몸속의 물을 정화하는 방법은 깨끗하고 좋은 성분이 함유된 물을 많이 마시는 것뿐이다.

머리말

이러한 점에서 '알칼리 이온수'는 우리 몸에 공급할 수 있는 가장 좋은 물이다. 알칼리 이온은 산화되어 있는 장기와 혈액을 중화시키고 물속에 녹아있는 각종 미네랄은 우리 몸의 각종 장기와 세포의 작용을 활성화시킨다. 알칼리 이온수가 어떤 작용을 하는지에 대해서는 본문에 소개한 내용을 살펴보기 바란다.

좋은 물을 마시며 좋은 음식을 먹고 명상을 하면 올바른 생각이 떠오른다. 사람은 몸만 물로 되어있는 것이 아니라 생각과 정신 또한 물과 같이 구성되어있다. 때문에 물의 이치를 깨닫고 그에 순응하며 사는 사람은 자연스레 올바른 생각과 올바른 행동을 하게 된다.

물에는 세상의 진리가 담겨있다. 물은 그 안을 들여다 볼 수 있을 정도로 한없이 투명하지만 실상은 각기 다른 성질과 성분을 갖고 있다. 그런가 하면 물은 끊임없이 서로 섞이며 보다 더 아래로, 더 깊게 자신의 목적지를 향해서 나아간다. 이러한 물의 특징은 수많은 개인들이 서로 얽히며 살아가는 인간사회의 모습과 유사하다.

나는 물에서 얻은 진리를 통해 사업을 경영해왔고 지금의 성공에 다다를 수 있었다. 이 책에는 알칼리 이온수를 만나 건강을 얻고, 물과 같은 경영을 통해 사업을 성공시킨 나의 이야기를 담아두었으니 독자 여러분들은 이 책을 통해 물의 중요성과 물의 진리를 깨달아 건강한 삶을 살아가길 바란다.

2024년 1월

조규대

차례
CONTENTS

2장 물에서 배운 경영철학

5장 치유의 효과와 증언

1장

알칼리 이온수와 나의 꿈

살아서 성장할 것을 의심했던
유년시절

사람들은 서로 다른 조건을 가지고 이 세상에 온다. 누구는 떵떵거리는 부잣집에서 화려하게 태어나는가 하면, 누구는 찢어지게 가난한 집에서 초라하게 태어난다. 누구는 날 때부터 머리 좋은 아이로 태어나지만, 누구는 머리 나쁜 아이로 태어난다. 또 누구는 건강한 아이로 태어나는가 하면, 누구는 날 때부터 허약한 체질로 태어난다.

다행히 세상에 이러한 조건들을 다 갖추고 태어나는 사람은 극히 드물다. 부잣집에서 태어났지만 건강이 나쁘고 머리가 안 좋은 아이가 있는가 하면, 가난한 집에서 태어났지만 강인한 체력과 좋은 머리를 지닌 아이도 있다. 그런 점에서 어느 정도 세상은 공평한 것 같기도 하다. 만약 어떤 사람이 부잣집에서, 머리 좋은 아이로, 건강하게 태어났다면 그는 전생에 큰 복을 지은 사람이리라.

나는 1957년 전남 보성에서 중소농의 아들로 태어났다. 그때 우리나라는 보릿고개라는 말이 한참일 정도로 찢어지게 못살았는데, 그런 시절에도 우리 집은 굶어본 적이 없었던 것 같다. 아버지는 4,000평이라는 작지 않은 크기의 농지를 바탕으로 성실하게 살아가신 분이었다.

그럼에도 불구하고 우리 집안에 큰 걱정거리가 있었으니 그게 바로 나 때문이었다. 나는 태어날 때부터 워낙 허약체질이었다. 태어나긴 쉬워도 죽는 아이가 많았던 시절이었기에 부모님은 내가 무사히 자라 집안의 대를 이을 수 있을지 걱정하셨다.

나는 유아기에 백일해소아에게 발병하기 쉬운 감염성 호흡기 질환를 앓았던 것 같다. 당시에는 예방접종 같은 것도 없었고 항생제 같은 약도 없었으니 갓난아기가 호흡기 질환에 걸리면 상당수가 죽음에 이르곤 했다.

조금 더 자란 뒤에도 할머니 등에 업혀 많이 토했던 기억이 난다. 그만큼 많이 아팠다. 그 시절에는 아파도 갈 병원도 없었고 먹을 약도 없었다. 그저 하늘이 낫게 해주면 다행이고 데려가면 하늘의 뜻이라 생각하던 시절이었다.

그때의 나는 오늘 죽을까 내일 죽을까 할 정도로 병약했다. 지금에 와서 생각해보면 내가 그토록 허약하게 태어난 것은 어쩌면 운명일지도 모른다는 느낌이 든다. 왜냐하면 어른들이 내게 들려주셨던 우리 집안의 내력에 관한 말들 때문이다.

우리 집안은 증조부 때부터 아들손이 무척 귀한 독자 집안이었다. 조부까지도 독자셨는데, 조부 대에 와서 갑자기 손이 풀리기 시작했다. 할머니가 무려 아홉 남매를 낳으셨기 때문이다. 아들 일곱에 딸 둘. 나는 그런 집안의 장손으로 태어났다. 나는 손이 귀한 집안의 업보를 안고 태어났기에 이런 고비를 당한다고 생각한다.

내가 어른이 된 후 어머니는 나의 유년기에 대해 이런 이야기를 해주기도 하셨다. 내가 유난히 병치레를 오랜 기간 하다 보니 어머니는, 농번기라 일은 해야 하는데 아픈 나를 집에 두고 나가기가 힘드셨다. 그때 어머니는 이렇게 말씀하셨다고 한다. "니가 복이 많으면 살아날 거고 복이 없으면 우리 자식이 아니라 생각할 거여. 이건 하늘의 뜻이랑께". 어머니는 이 말을 남기고 논으로 나가셨다고 한다.

아들손이 귀한 집에 시집와서 당당히 삼남일녀를 낳으신 어머니였다. 나는 바로 그 어머니의 귀한 장손이었다. 그 아들이 잦은 병치레를 하니 어머니 마음이 어땠을지 가슴이 먹먹해진다. 모든 것을 하늘의 뜻이라 치부한 말씀 속에서 아들의 병치레 앞에 아무것도 할 수 없는 자신의 처지에 체념해버린 어머니의 심정이 절절하게 와닿는다.

어렸을 적 우리 동네에는 각종 푸닥거리를 해주는 '당골'이라는 전속 무당이 있었다. 보리 나올 때 보리 한 말 주거나 쌀 나올 때 쌀 한 말을 주면 무당이 우리 집에 와서 악귀를 쫓아내는 푸닥거리를 했다. 상에 떡 올리고 물 떠놓고 해서 신에게 빌어댔다. 그 시절 시들어가는 나를 낫게 하기 위해 부모님이 해줄 수 있는 건 그게 다였던 것 같다.

점심도시락을 비워본 적이 없는
유소년기

어쨌든 나는 죽음의 고비에서도 복을 받았는지 죽지 않고 살아
났다. 하지만 살아났다고 병이 나은 건 아니었다. 음식을 잘 먹
지 못했기에 어린 시절 내내 비실거리며 지내야 했다. 밥을 보면
동생들은 코까지 질질 흘리며 달려드는데 나는 비위가 약해 먹
지를 못했다.

먹기만 하면 소화가 잘 안 되어 불쾌한 느낌과 통증에 시달
리니 음식을 먹는 것에 대한 트라우마가 생겼다. 장이 약했기 때
문이었던 것 같다. 밥을 먹지 못하니 허약한 체질이 좋아질 리도
만무했다. 그러다 보니 나는 어린 시절 내내 다른 아이들에 비해
약체임에 열등감이 컸다.

그 시절에는 초등학교 4학년부터 도시락을 싸 가지고 학교에 다녔다. 어머니가 정성스레 도시락을 싸주셨지만 나는 초등학교는 물론이고 중학교 때까지 한 번도 그 도시락을 다 먹어본 적이 없었던 것 같다. 항상 도시락을 남겨오니 어머니 걱정이 이만저만이 아니었다.

지금 생각해보면 그 시절의 도시락 반찬은 하나같이 초라하기 그지없었다. 우리 집이든 친구들의 집이든 싸온 도시락을 보면 꽁보리밥에 반찬은 무짠지나 깨소금 소금과 깨와 고춧가루를 볶아서 만든 것이 대다수였다.

가난한 집 아이들에게는 급식으로 옥수수죽이나 옥수수빵이 나왔는데 그게 얼마나 맛있어보였는지, 가끔은 내 도시락과 옥수수죽을 바꿔먹기도 했다.

태어날 때부터 약했고 내내 병으로 고생했는데도 불구하고 내가 병원이란 곳을 처음으로 가본 것은 중학생이 되었을 무렵이었다. 당시에는 지금 같은 의료적인 상식이나 개념이 없을 때였다. 그럼에도 불구하고 내가 감기에 걸려 몇 날 며칠을 심하게 앓자 보다 못한 삼촌이 나를 자전거에 태우고 10리가 넘는 길을 달려 병원에 데려갔다.

그때 나는 폐렴 진단을 받았다. 병원 의사는 삼촌에게 조금이라도 늦게 왔으면 큰일 날 뻔했다는 이야기를 해주기도 했다. 지금 떠올려보면 당시는 폐렴도 위험한 병이었기에 하늘이 나를 살렸다는 생각을 하게 된다.

인근에 약국이 생긴 것도 내가 초등학교에 다닐 무렵이었다. 그때서야 아프면 약을 사다 먹곤 했다. 그전에는 머리 깨지면 된장 바르고 배 아프면 된장국 해서 한 사발 마시는 게 다였다. 그런 어려운 시절에 병약했음에도 살아남았다는 것은 기적 중의 기적이 아닐 수 없었고 하늘의 뜻이란 생각을 지울 수 없다.

내가 장이 약하다는 사실을 인지한 것은 고등학생이 되었을 무렵이었다. 초등학교, 중학교 때까지는 그저 몸이 허약하고 컨디션이 좋지 않아 비위가 약한 줄로만 알았다. 시골에서는 질병에 관한 상식이 전무한 시기였다. 그러다 어느 정도 나이가 들고 나서야 내가 장이 약해 소화가 안 되는 것이라는 추론이 가능해졌다.

고등학교 때부터 나는 집을 떠나 대도시인 광주로 나와 홀로 자취생활을 하게 되었다. 내가 집안의 장손이었고 또 당시로서는 그나마 살기 괜찮은 집안이었기에 아버지는 나를 고등학교부터 도시에서 공부시키기로 결정한 것이었다.

그때에는 우리 가정뿐 아니라 대부분의 부모들이 어떻게든 자식을 공부시키려 허리띠를 졸라매며 안간힘을 썼다. 자신들이

알칼리 이온수가 내 몸을 살렸다

못 배운 한을 자식을 통해 풀고픈 마음이 컸기 때문일 것이다. 그와 같은 부모들의 교육에 대한 의식 덕분에 우리나라가 이만큼 발전할 수 있었다고 나는 생각한다. 우리 부모님도 그 대열에 낀 훌륭한 부모님이셨다.

특히 나는 무척 병약했기에 도시에 홀로 보내기는 부모님의 마음이 불안했을 것이다. 멀리 떨어져있어도 갖은 방법으로 뒷바라지를 받았지만 그럼에도 불구하고 도시에서 홀로 생활하는 것은 내게 쉽지 않은 일이었다.

당시 광주는 보성에서 열차로 3시간이 걸려야 갈 수 있는 곳이었다. 나는 열차를 타고 광주로 향하면서 과연 내가 홀로 지낼 수 있을까, 하는 불안한 마음이 컸다. 집에서 어머니가 해주는 밥도 잘 먹지 못했던 내가 홀로 자취하면서 밥을 잘 먹을 리가 없을 성싶었다.

당시 자취방에 먹을 거라곤 쌀 한 말에 김치와 고추장, 간장이 다였다. 잘 먹지 못하니 매일같이 밥을 남기곤 했다. 냉장고도 없던 시절이라 날씨가 조금만 따뜻해지면 김치는 쉬어빠지고 남긴 밥이 상해 먹을 수 없게 되었다. 그런 일이 일상다반사로 일어났다. 이처럼 밥을 잘 먹지 못하니 위장은 점점 나빠져 갔고 몸은 항상 쇠약한 상태였다.

●

극심한 위장질환의 고통과
47kg의 몸무게

위장이 안 좋은 사람들이 군대를 가서 낫는 경우가 더러 있다. 세 끼니 밥을 규칙적으로 먹고 훈련을 많이 받으니 병이 낫는 것도 불가능은 아니다. 병은 없어도 빼빼 마르고 부실했던 사람이 군대 가서 살쪘다는 사람도 많았다. 그런데 나는 군대에 가서도 위장병을 완전히 고치지 못했다. 그만큼 내 위장병은 심각한 상태였다.

영장을 받고 논산 수용연대에 갔는데 어쩌다보니 단기하사에 차출되게 되었다. 지금은 지원해서 하사관을 가지만 당시는 훈련소에 입대한 훈련병 중에서 차출하여 하사관을 뽑았다. 그래서 6개월 동안 하사관학교에 들어가 훈련을 받게 되었다.

하사관학교는 훈련의 강도가 대단히 셌다. 그러니 밥을 먹지

알칼리 이온수가 내 몸을 살렸다

않고는 견딜 수 없었기에 억지로라도 밥을 먹었다. 그래도 속이 더부룩하고 쓰린 것은 반복되었다. 군대생활 내내 이런 상황이 반복되었다.

지금 생각해보면 훈련을 수료하고 자대에 배치되었을 무렵에는 증상이 조금 나아진 것도 같다. 군대를 제대할 무렵에는 몸도 마음도 편해진 탓인지 스스로의 건강이 꽤 좋아졌다 느끼기도 했다. 하지만 사회생활을 하면서 나의 위장병은 다시 도지기 시작했다.

군을 제대하고 보험회사에 공채로 입사하게 되었다. 내가 하게 된 일은 보험회사 영업소의 총무 업무를 보는 일이었다. 여직원 둘을 통해서 보험 모집이 들어오게 되면 그것을 접수하고 노트에다 펜으로 기록하는 일이었다. 처음에는 서툴렀지만 어느 정도 익숙해지고 나자 일은 할만했다.

그런데 걱정스러운 게 있었으니 바로 회식이었다. 아무래도 직장이 영업소다 보니 회식을 자주 하곤 했었는데 그 시간이 되면 걱정이 되지 않을 수 없었다. 소화에 자신이 없는데 회식을 하게 되면 술도 마셔야 하고 고기도 먹어야 하기 때문이다. 정말 가기 싫은데 할 수 없이 끌려가 술도 마시고 고기도 먹는 둥 마는 둥 해야 했다.

회식자리에서는 괜찮다가도 집으로 돌아오면 문제가 터지곤 했다. 그때 내가 겪은 증상은 속이 심하게 쓰려오고 신물이 넘어오는 일이 반복되는 것이었다. 그러다 이 증상이 심해지면 참을 수 없는 고통이 밀려오곤 했다.

그럴 때면 약국에 가서 겔 형태로 된 제산제를 사다 먹곤 했다. 우유처럼 생겼으면서 우유보다 진한 액체였는데, 그걸 먹고 나면 조금 진정되었다. 제산제가 위벽에 발리면 서서히 위산이 중화되면서 증상이 가셨다. 이마저도 어느 날은 고통이 너무나 심해 소용없을 때가 있었다.

회식을 마치고 돌아온 어느 날 새벽에 갑자기 위경련이 일어나기 시작했다. 처음에는 속이 쓰리고 신물이 넘어오는 증상이 계속하여 일어나다가 급기야 명치끝이 갑자기 심하게 쥐어짜듯 아파오기 시작했다.

약이 필요했으나 새벽녘이라 약을 사러갈 수도 없었다. 통증은 점점 심해지면서 식은땀이 주르륵 흐르기 시작했다. 속에서는 계속 신물이 넘어와 구토까지 해대었다. 가슴 통증이 극에 달하면서 더 이상 견딜 수 없는 상태까지 이르렀다.

거기에 가슴 부위까지 뒤틀리듯 아파오기 시작하자 그대로 나뒹굴었고 이대로 죽는가 싶을 정도의 고통이 엄습해왔다. 만

알칼리 이온수가 내 몸을 살렸다

약 지금 이런 일이 일어난다면 당장 119를 불러 응급실로 향했을 것이다. 그러나 당시에는 그럴 시스템도 그런 의식도 없었다.

그저 하늘이 도와주면 사는 것이고 그렇지 않으면 죽는 수밖에 없었다. 그렇게 이불을 다 적실 정도로 식은땀을 흘리며 고통을 겪은 후에야 겨우 진정될 수 있었다. 이번에도 하늘이 도운 것이라 생각했다.

위경련의 고통까지 겪고 나니 더더욱 밥 먹는 것이 겁이 났다. 당연히 내 몸은 점점 말라가고 있었다. 급기야 내 인생에 가장 낮은 몸무게까지 경험하게 되었다. 47kg! 내 키가 173cm였으므로 몸무게가 47kg이라면 이건 거의 뼈가죽밖에 남지 않은 상태로 돌입한 것이다.

안 그래도 나는 당시에 49~50kg을 왔다갔다하며 위기를 겪고 있었다. 그런데 여기에서 더욱 살이 빠지니 겁이 덜컥 나기도 했다. 흡사 인간 멸치가 있다면 이와 같은 모습이 아닐까? 그런 꼴을 하고 직장에 가니 사람들에게도 좋게 보일 리 만무했다.

●

20년간 앓은 위장병을 고친
알칼리 이온수

나는 태어났을 때부터 병약하여 부모님께 마음고생을 많이 시켜
드렸다. 백일해에 걸렸을 때 죽다 살아났고 폐렴에 걸렸을 때 죽
다 살아났다.

　내가 백일해에 걸렸을 시절에는 시골 실정상 양약이라는 것
은 있는지도 모르던 때였기 때문에 오로지 운명에 의지하여 소
생하였다. 폐렴에 걸렸을 시절에는 약국에서 감기약만 먹었지
병원은 여전히 언감생심이었다. 시골사람들은 감기가 폐렴이 된
다는 사실조차 모르고 있었다. 그런데 나는 그런 시절에도 어찌
어찌 병원을 가서 폐렴 진단을 받고 치료를 했다.

　나는 이 모든 과정에 하늘의 뜻이 개입해 나를 살린 거라 생
각했다. 이번에도 마찬가지였다. 위경련으로 뒹굴던 그날 새벽

나는 큰 어려움에 봉착할 수도 있었는데 하늘이 다시 나를 살려준 것이다.

하늘은 왜 이토록 죽을 수밖에 없는 환경에서 계속해서 나를 살려주는 걸까? 나는 항상 그러한 의문을 지닌 채 하루하루 살아가고 있었다. 그러던 어느 날 그 이유를 알게 되는 놀라운 일이 일어나고야 말았다. 새벽녘 밝아오는 여명과 같은 일이 찾아온 것이다.

내가 일하던 보험 영업소에는 잡상인들이 드나들곤 했는데 그중에 한 영업사원이 나에게 다가왔다. 내가 비쩍 말라 있는 모습을 보고 의도적으로 접근한 것이었다. 영업사원은 대뜸 나에게 "왜 이렇게 말랐냐?"라고 물어보았다. 나는 "소화를 잘 못 시켜 그렇다"는 대답을 해주었다.

그러자 영업사원이 "이건 일제 이온수기인데 이걸 마시면 위장병이 좋아져요"라며 팸플릿을 보여주었다. 평범한 마케팅 멘트였지만 나는 위장병이 좋아진다는 말에 귀가 솔깃했다. 그때의 나는 지푸라기라도 잡고 싶은 심정이었기 때문이었다.

하지만 가격이 만만치 않은 게 문제였다. 18만 원! 마침 당시의 내 월급에 해당하는 돈이었다. 쥐꼬리만 한 급여로 연명하는 월급쟁이가 쉽게 감당할 수 있는 가격은 아니었다. 가격을 들은 내가 망설이자 영업사원은 "할부로 사면 되지 않느냐?"며 꼬드 겼다.

　나는 이번에는 어떻게든 위장병을 고치고야 밀겠다는 일념 으로 3개월 할부에 그 이온수기를 구입하고야 말았다.

　이온수기를 구입한 나는 그날부터 당장 알칼리 이온수를 마 시기 시작했다. 하루 권장량이 2L였기에 병에 담아 들고 다니면 서 마셔댔다. 마시는 첫날부터 속이 편해지는 느낌이 들었다. 그 동안 위장병에 좋다는 것들은 다 먹어봤지만 이처럼 뚜렷한 반 응이 온 것은 처음이었다.

　나는 일어나자마자 알칼리 이온수를 찾았고 잠들 때까지 이 온수를 달고 살았다. 그러다 속이 쓰려지는 증상이 오면 바로바 로 알칼리 이온수를 마셔주었다. 당시 신물이 식도 위로 넘어오 는 위산과다 증상이 심했는데, 신기하게도 그때마다 알칼리 이 온수를 마시면 증상이 가라앉곤 했다.

　그전까지 나는 희멀건 제산제에 의지하고 있었는데, 알칼리 이온수가 마치 제산제처럼 작용하는 것 같았다. 사실 위산과다 는 위에서 분비되는 강한 산성의 위산염산이 필요 이상으로 많아 져 위벽을 자극해 생기는 증상이기에 내가 마셨던 알칼리성의 이온수가 중화시켜주는 것은 당연했다.

알칼리 이온수와 함께 하면서 나의 위장병은 하루가 다르게 좋아져 갔다. 그렇게 한 달이 지나고 두 달이 지나며 세 달이 채 되지 않았을 때 어느 순간 내가 더는 위장병 때문에 고통받고 있지 않다는 사실을 알게 되었다.

알칼리 이온수를 마시고 있던 사이 위장병이 서서히 좋아지더니 급기야 완치된 것이었다. 이건 기적이라 하지 않을 수 없었다. 무려 20여 년을 앓아온 위장병이 단 3개월도 되지 않아 낫다니! 원래 병이란 오래될수록 낫기 힘든 법이 아니던가. 그런데 20년 된 병이 3개월 만에 낫는다는 것은 그야말로 기적과 같은 일이었다.

알칼리 이온수가 무슨 요술을 부렸기에 20년 된 위장병이 나을 수 있었을까? 오히려 현대의학은 소화력이 약한 사람들은 밥 먹기 전 30분과 밥 먹고 나서 30분 동안 물을 마시지 말라 한다. 소화액이 희석되어 음식물이 잘 소화되지 않을 수 있다는 이유다. 대부분의 현대의학 전문가들은 이렇게 말한다.

그러나 이는 전체를 보지 못한 채 부분적인 현상만 보고 그것만 고치려 드는 격이다. 나는 밥을 먹기 전에도 먹은 후에도 알칼리 이온수를 마셨다. 그랬더니 오히려 소화가 더 잘되었고 20년 묵은 위장병이 낫기까지 했다이에 대해서는 뒤에서 상세히 밝힐 것

●

이다. 그것은 알칼리 이온수가 단지 위장만 좋게 한 것이 아니라 내 몸의 병든 세포들을 전체적으로 회복시켰기 때문이었다.

알칼리 이온수는 인체 내에서건 자연에서건 다른 물들을 정화시키는 작용을 한다. 물론 위산을 중화시키는 작용도 했겠지만, 동시에 알칼리 이온수는 온몸의 무너진 균형을 잡아주는 역할도 했던 것이다.

인간의 몸은 전체가 하나로 돌아가는 시스템이다. 우리 몸 어느 한 부위가 고장났다면 그것은 그 부분만의 문제가 아닌 전체 시스템의 문제다. 그렇기에 전체 시스템까지 고쳐져야 더 이상 문제가 재발되지 않는 완전한 수리가 가능해진다.

그런 점에서 현대의학의 대증적 치료방법은 숲을 보지 못한 채 나무만 보는 것이라 할 수 있다. 또 원인을 고치는 것이 아니라 증상만 치료하는 방법이다. 이는 실제적인 고침이라 보기도 힘들다는 생각이 앞선다.

알칼리 이온수가 내 몸을 살렸다

이온수기 영업을 통해 키운 꿈

지금 생각해보면 알칼리 이온수를 마시기로 한 그때의 선택은 내 인생을 바꾸었다고 할 만큼 탁월한 것이었다. 만약 그때 내가 이온수기 가격이 비싸다고 거절했다면 지금의 나는 없었을 것이다. 내 월급에 해당할 만큼 비싼 이온수기였지만 나는 과감히 돈을 투자하여 이온수기를 선택했고, 그 결과 오늘날의 내가 될 수 있었다.

당시 1981~1982년 즈음에는 아직 우리나라에 정수기 개념조차 없을 때였다. 반면 일본에는 이미 알칼리 이온수에 대한 연구가 활발히 일어나고 있었고 정수기보다 더 복잡한 기술로 만들어진 알칼리 이온수기가 판매되고 있었다. 그것이 우리나라 시장에 침투하여 나에게까지 온 것이었다.

직접 겪은 치유의 기적으로 인해 나는 알칼리 이온수에 매료되었고 알칼리 이온수기에 대해 공부하기 시작했다. 그리고 마침내 나는 더 큰 꿈을 꾸게 되었다. '보험회사에서 배운 영업스킬로 우리나라에 이온수기를 보급하는 일을 하면 되겠다!'라는 결심을 한 것이다.

당시 우리나라에는 나처럼 위장이 안 좋은 사람이 부지기수였다. 어려서부터 먹는 것이 부실하니 당연한 결과였다. 이런 사람들에게 이온수기를 팔면 엄청나게 돈을 벌 수 있겠다 판단했다.

그동안 힘들게 다닌 보험회사에 오히려 감사한 마음이 들기도 했다. 나는 보험회사 영업소에 근무하며 영업 기술은 물론 영업 마인드까지 확실하게 배우고 있었기 때문이었다. 당시 보험회사에서는 아침, 저녁으로 미팅을 했으며 영업 마인드를 키우는 교육이 이루어졌다.

그런 점에서 내가 보험회사에 입사한 것은 어쩌면 내 질병을 고칠 뿐만 아니라 내 미래의 설계를 위한 운명적 만남이었다는 생각이 든다.

나는 이온수기 영업자의 길을 걷기 위해 나에게 이온수기를 판 영업자를 수소문하여 이온수기 회사를 직접 찾아갔다. 회사를 찾아간 나는 알칼리 이온수로 위장병을 고친 나의 경험담을 늘어놓았다. 그렇게 알칼리 이온수기 영업자로서 새로운 길을 걷게 되었다.

어떤 일이든 처음부터 잘되는 법은 없을 것이다. 나 역시 처음에는 새로운 영업 환경에 적응하느라 애를 먹기도 했다. 나는 내가 가장 잘할 수 있는 영업 방식을 택했다. 나와 같이 위장병을 앓고 있는 환자들에 포커스를 맞추기로 한 것이다.

나의 방향은 적중했다. 나로부터 알칼리 이온수기를 산 위장병 환자 여성이 효과를 봤다는 연락이 온 것이다. 그 고객은 마치 유레카를 외치듯 시키지도 않았는데 자기 지인을 연결해주었다. 그러면 나는 그녀의 지인을 찾아가 이온수기를 판매할 수 있었다.

이런 식이었다. 효과를 본 고객이 자기 가족이나 지인을 소개해주어 나의 고객은 점점 늘어나게 되었다. 그와 더불어 실적도 점점 올라가게 되었다.

당시에는 '특별소비세'라는 정책이 있었는데 이것은 알칼리 이온수기를 파는 데 큰 걸림돌이 되었다. 특별소비세는 알칼리 이온수기를 포함해 냉장고나 TV 등 귀한 전자제품을 살 때 30%의 세금을 물리는 것이다. 이는 알칼리 이온수기의 가격을 올려 소비자의 구매 부담을 가중시키는 요소로 작용했다. 하지만 나에게는 이 특별소비세와 관련해 대박이라 부를 수 있는 일이 터지게 된다.

당시 유수의 대기업들은 기업 내부에 새마을금고나 신용협동조합과 같은 금융조합을 갖추는 게 일반적이었다. 기업이 돈을 내어 출자하고 직원들을 조합원으로 가입시켜 이런 기관을 만들면 시중보다 유리하게 금융서비스를 이용할 수 있기 때문이었다. 예를 들면 당시 시중의 대출금리가 15%라면 이곳에서는 10% 정도에 대출을 받을 수 있었다.

그런데 이런 대기업의 새마을금고나 신용협동조합은 면세 혜택이 붙는 구판장을 만들어 조합원들을 대상으로 물건을 판매할 수 있었다. 그래서 알칼리 이온수기도 구판장에 내놓으면 시중보다 30%나 싼값에 판매할 수 있었다.

나의 고객 중에는 대기업 직원들도 다수 있었다. 어느 날 그들 중 한 명이 나더러 이 구판장을 소개해주겠다고 말했다. 구판장에 내놓아 팔면 대기업 회사 직원들이 많이 사가지 않겠냐는 것이었다. 알칼리 이온수의 효과를 직접 본 그 고객은 아마도 나에게 너무 고마워 그런 혜택을 베푸는 것 같았다.

그렇게 나는 대기업 구판장에 이온수기 제품을 입점시키는 행운을 누리게 되었다. 나는 영업력을 발휘하여 회사 각 부서에

알칼리 이온수가 내 몸을 살렸다

공문을 보냈다. '회사 차원에서 직원들의 건강에 도움을 주고자 새마을금고 구판장에서 좋은 사업을 하고 있으니 잘 활용하길 바란다'는 취지의 공문이었다.

공문인지 아니면 제품의 광고인지 애매한 내용이었지만 직원들을 이끌어오는 데에는 성공했다. 공문을 보낸 후 각 부서를 찾아가 사람들을 모아놓고 이온수기 제품을 소개하는 시간도 가졌다. 관심 있는 사람들은 그 자리에서 주문을 하기도 했다.

아무래도 대기업 직원들은 월급도 많고 의식수준도 높기 때문에 말을 곧잘 알아들었고 주머니도 쉽게 열어주었다. 당시는 신용카드가 보편화되지 않아 모두 현금 결제였다. 그럼에도 불구하고 이온수기의 가격대가 높았기 때문에 10개월 할부 제도를 운영했다.

구판장 수수료는 5% 정도에 불과했기 때문에 나는 구판장 영업을 통하여 큰 실적을 올릴 수 있었다. 다른 영업자들은 주로 방문판매를 통해 건건이 판매를 했던 반면 나는 대기업을 통해 통 큰 영업을 하고 다녔던 것이다.

●

부자가 될 운명과 창업의 결단

알칼리 이온수기 영업자로 3년 정도 물건을 파니 나름 회사를 창업할만한 돈을 모으게 되었다. 나는 다시금 고민하기 시작했다. '온 국민이 알칼리 이온수기를 통해 병을 치유했으면 좋겠다!' 돈을 버는 문제를 떠나 나의 꿈이 무엇인지에 대해 인식하게 되는 시점이었다. 그때부터 나의 꿈이자 나의 목표는 알칼리 이온수기 회사를 창업하는 것이었다.

사실 나는 원래 무엇이든 사업을 해야 한다는 생각은 갖고 있었다. 알칼리 이온수기 세일즈에 뛰어들 때도 창업을 염두에 두고 시작한 것이었다. 창업에 대한 조언을 해줄 조력자가 전혀 없는 나 같은 사람이 사업을 제대로 배우려면 세일즈를 해야 한다고 생각했기 때문이다.

알칼리 이온수가 내 몸을 살렸다

나는 세일즈를 하면서도 단지 세일즈만 하지 않고 알칼리 이온수기 유통 등 사업과 관련된 전반적인 상황에 대해 배우려고 애썼다. 그렇게 나의 사업을 차리려고 노력해온 것이, 온 국민에게 알칼리 이온수기를 보급하겠다는 꿈과 만나 창업의 결단으로 이어진 것이다.

내가 사업을 해야 한다고 생각한 것은 어려서부터였다. 나는 자라면서 할아버지로부터 '부자가 될 운명'이라는 이야기를 들어왔다.

사실 나에게 할아버지는 매우 애틋한 분이시다. 나는 어렸을 때부터 할아버지와 같은 방에서 한 이불을 덮고 잠을 잤다. 할아버지 방이 사랑방이었기 때문에 밥도 할아버지와 따로 겸상을 해서 먹곤 하였다. 그래서 할아버지와 이야기를 나눌 기회가 자주 있었다.

그때 할아버지가 나에게 자주 해주셨던 말씀이 "너는 나중에 큰 부자로 살 것이다"라는 것이었다. 할아버지는 단지 희망과 덕담으로 나에게 그런 말을 해주신 것은 아니었다. 할아버지는 명리학에 밝으신 분이었는데 내 사주팔자를 본 결과 부자로 산다는 결과가 나와 그런 말을 해주신 것이었다.

●

037

그러면서 할아버지는 나에게 부자로 살게 되면 지켜야 할 덕목에 대해서 말씀해주시기도 했다. 부모에게는 어떻게 해야 하고, 형제들에게는 어떻게 해야 하며, 조상님에게도 어떻게 해야 하는지 등 유교적 덕목과 도리에 대해서 아주 상세히 말씀해주셨다.

그때 강조하셨던 것이 "나중에 돈을 벌게 되었을 때 베풀지 않으면 아무리 복을 받아도 다 날아가버리니까 명심하라"는 것이었다. 가치관이 정립되어가던 어린 시절 들었던 이야기였기에 나는 그것을 철두철미하게 믿게 되었다.

이후 나는 할아버지의 말씀대로 살아가게 되었다. 오늘날 내가 이 정도의 경제적 여건을 갖추게 된 것도 다 조상님의 은덕이라 생각하고, 할아버지의 당부처럼 조상을 위해, 부모와 형제를 위해, 주변 사람을 위해 항상 마음을 썼다. 또 내가 해야 할 일에 대해 무거운 책임감을 느끼며, 가능한 집안의 장손으로서 중심을 잃지 않고 역할을 다 하면서 살아가려고 노력하고 있다.

그런 탓에 나는 어린 시절부터 돈을 버는 방법에 대하여 관심이 많았다. 초등학교 1학년 때도 담임선생님에게 어떻게 해야 돈을 벌 수 있는지에 대해 여쭤본 적이 있다. 담임선생님은 우리 집안의 대부 항렬이 되는 어른이기도 하셨다. 담임선생님은 "돈을 벌려면 큰 장사를 할 줄 알아야 한다"라고 말씀해주셨다. 그때 담임선생님이 해주신 말씀은 내가 돈에 관한 가치관을 형성하는 데 큰 영향을 미쳤다.

그 시절 시골 농촌사회에서 부자라면 주로 땅을 많이 가진 천석꾼, 만석꾼들이 전부였다. 그러다가 큰 정미소, 큰 주조장 등을 하는 사람들이 신흥부자로 떠오르기 시작했다. 그런 점에서 당시의 정미소, 주조장 등은 지금의 '기업'에 해당한다고 할 수 있다. 그래서 어른들에게 큰돈을 버는 방법에 대해 물으면 대개 정미소를 하거나 주조장을 하라는 이야기를 해주시곤 했다.

그런데 당시 담임선생님은 다른 어른들과 달리 우리 학교의 육성회장 지금의 학부모회장과 학교운영위원회장 사이의 지위을 예시로 드셨다. 당시 육성회장은 돈이 많기로 유명했는데, 담임선생님은 그분의 돈 버는 방식을 배워야 한다고 말씀하신 것이었다.

육성회장은 따로 정미소와 제재소를 하고 있긴 했지만, 그것들을 통해서 큰돈을 번 것은 아니었다. 그는 우리 고향인 보성의 간척지 쌀을 사들여 대구에 가서 팔아 돈을 벌었다. 보성은 간척지가 있어 땅이 참 좋기에 생산하는 쌀의 품질이 매우 우수하다. 반면 대구는 분지에 있어 당시에는 쌀의 품질이 나빴다고 한다. 이것에 착안한 육성회장은 보성의 쌀을 대구에 팔면 쌀값을 비싸게 받을 수 있겠다고 판단한 것이었다. 실제로 그 아이디어를 실천한 육성회장은 큰돈을 벌 수 있었다.

육성회장의 아이디어는 여기에서 그치지 않았다. 대구에 갔더니 맛 좋은 사과가 보이는 것이 아닌가? 그런데 전라도에는 이렇게 질 좋고 맛있는 사과가 나지 않는다는 사실이 떠올랐다. 이에 그는 대구의 질 좋은 사과를 가져다 광주에서 비싸게 파는 장사도 했다.

당시 전라도는 사과가 잘 나지 않아 매우 귀한 과일이었으므로 불티나게 팔려나갔다. 이렇게 육성회장은 머리를 쓴 장사를 하여 큰돈을 벌었다. 그리고 그렇게 번 돈으로 학교 교실도 지어주었다. 당시는 학생 수가 많고 교실이 부족하던 시절이라 정말로 좋은 곳에 돈을 쓸 줄 알았던 것이다.

나는 담임선생님으로부터 이 이야기를 듣고 큰 충격을 받게 되었다. 이전까지의 나는 할아버지가 심어주신 '부자가 될 운명'이라는 믿음에 부응하기 위해서는 농사를 열심히 지어야 한다고 생각하고 있었다. 그런데 농사가 정답이 아니었던 것이다.

동시에 나는 육성회장과 같이 큰 장사를 해야겠다고 결심했다. 자라는 과정에서 큰 장사를 어떻게 할 것인지에 대한 구상은 조금씩 변화했지만, 청년기에 들어서면서 결국 사업을 해야만

알칼리 이온수가 내 몸을 살렸다

내가 처한 현실과 한계를 뚫어낼 수 있다고 생각을 굳혔다.

1986년 대한민국에서 아시안게임이 벌어지던 해, 내 나이 29세에 나는 드디어 나의 사업체를 창업했다. 나는 부산에 내려가 이온수기 유통회사를 차리고 이온수기를 팔았다. 부산에 특별한 연고가 있던 것은 아니었다. 그저 부산은 대도시라는 유리한 점을 가지고 있으면서도 이온수기를 팔기에 가장 적합한 곳이라는 생각이 들었기 때문이었다.

당시 부산은 물이 좋지 않기로 유명했다. 여러 가지 원인이 있겠지만 가장 큰 문제는 낙동강의 오염이었다. 그럼에도 불구하고 부산 내의 정수처리장은 2곳 정도에 불과해 마시고 쓸 물이 항상 부족해 단수가 빈번했다. 때문에 각 가정에서는 물탱크를 만들어 물을 받아놓고 쓰곤 했다.

더욱이 만조 때에는 짠 바닷물이 낙동강 정수장까지 밀려 올라왔다. 수도관 시설도 형편없는 가운데 바닷물까지 유입되니 주거지 인근의 수로 파이프들은 벌겋게 녹이 슬고 부식되기 일쑤였다. 그러니 부산 사람들은 자신들이 마시는 물에 신경을 쓰지 않을 수 없었다.

부산에서 나는 이전까지 내가 익힌 노하우를 십분 활용했다. 가정집의 방문판매 대신 대기업체와 은행을 돌았다. 나는 이때 부산 사람 특유의 화끈한 성격을 느끼기도 했다. 부산 사람들은 이른바 '기면 기고 아니면 아니고'가 확실했다. 마음에 들 경우 그 자리에서 바로 결정을 내리고 돈을 지불했다.

이후 우리나라에 이온수기를 사용하는 사람들이 점차 많아지기 시작했고 그렇게 나의 이온수기 유통회사는 성공가도를 달리게 되었다.

나는 이 모든 것이 어렸을 때 할아버지가 내 마음속에 심어주신 "너는 나중에 큰 부자로 살 것이다"라는 말씀의 위력 덕분이라고 여긴다.

배수진이 된 아버지의 담보

창업 초창기에는 회사를 경영하는 데 자금 압박을 받는 경우가
잦았다. 고객에게 알칼리 이온수기를 할부로 판매하다 보니 다
룰 수 있는 현금이 부족했던 것이다. 당장 숨통이 조여졌던 것은
아니었지만 계속하여 이렇게 자금 압박에 시달리는 경영을 할
수는 없었다. 나는 이 문제를 해결하기 위해 부모님께 좀 부탁을
해봐야겠다는 생각을 했다.

나는 연락도 없이 돈을 빌리기 위해 부모님을 찾아뵙는 불효
를 저질렀다. 아버지는 아들이 온 줄도 모르고 논에서 모내기한
답시고 서래질을 하고 계셨다. 그러다가 나를 보곤 짐짓 놀라더
니 "뭣 땜에 연락도 없이 왔냐?"고 물으셨다.

돈을 빌리러 고향에 온 나였기에 아버지가 내려온 이유를 묻자 당황할 수밖에 없었다. 나는 "제가 뭘 한 번 해보려고 그러는데 허락을 받으러 왔습니다"라고 대답했다. 아직 사업을 시작하지 않은 척 허락을 구한 것이었다.

물론 그 당시 나는 이미 사업을 한창 벌여놓고 있었다. 그런데 막상 돈을 빌리러 와보니, 대뜸 돈을 빌려달라는 말부터 내뱉기가 힘들었다. 내심 사업을 해도 된다는 허락부터 맡는 게 수순이겠다는 판단에 그리 말한 것이었다.

뭘 한다는 소리에 깜짝 놀란 아버지가 무슨 일을 하려는 거냐고 물으셨다. 나는 "이온수기 사업을 하려는데 담보를 좀 해주셔야 할 것 같아서 왔습니다"라고 대답했다. 그러자 아버지는 뭔가를 골똘히 생각하시더니 "일단 집에 가 있어라. 저녁에 이야기하자"라고 하시며 나를 따돌리려 했다.

지금 생각해봐도 당시 나는 아버지에게 말도 안 되는 당돌한 행동을 한 것이었다. 그때만 해도 장손이 사업을 한다는 것은 말도 안 되는 일이었다. 장남이라면 농사든 뭐든 집안의 가업을 이어야 했기 때문이다. 특히 시골에서는 더더욱 상상도 할 수 없는 일이었다.

저녁상을 거르고 아버지가 입을 여셨는데 첫마디가 "안 된다"는 것이었다. 아버지는 "생각해봐라, 우리 집 전부가 이것뿐

알칼리 이온수가 내 몸을 살렸다

인데 네가 사업을 해갖고 잘못되면 우리 집안이 망한다"라고 말씀하셨다. 그러면서 좀 더 생각해보라며 타이르셨다.

사실 아버지가 그렇게 말씀하시는 건 당연하기도 했다. 당시에는 집이나 전답을 담보로 사업을 했다가 망했다는 소문이 고을 곳곳에서 들려오던 시절이었기 때문이다. 아버지가 반대하시니 나도 어쩔 수 없이 그날은 잠이 들었다.

그리고 다음날 아침 할아버지가 나의 사정을 들으셨던 모양인지 나와 아버지를 불러모았다. 아버지와 나를 불러모으신 할아버지의 첫마디는 "해줘라"였다. 할아버지 말씀인즉 "나중에는 다 제 것인데 저 애 사주가 이것을 다 까먹을 사주는 아니니까 해줘도 된다"는 것이었다.

옛날에는 집안의 재산을 장남에게 상속하는 관습이 있었다. 그렇기에 내가 상속받을 재산을 미리 내어주는 셈치고 해주라는 말씀이었다. 할아버지가 그렇게 말씀하시자 아버지도 따르셨다. 예상치 못한 행운을 만난 나는 속전속결로 담보 설정 서류를 준비한 뒤 아버지를 모시고 은행으로 가서 집안의 전 재산인 전답을 담보를 잡고 돈을 마련할 수 있게 되었다.

할아버지가 허락해주셨기에 받을 수 있었지만 나는 그 전답이 우리집에는 얼마나 귀한 재산인지 분명히 알고 있었다. 당시 우리 집은 시골에서 드물게 삼형제 모두를 광주로 유학 보낼 정도로 교육에 대한 열의가 대단했다. 한 명만 유학으로 공부시키기도 어렵던 시절이었는데 삼형제 모두를 그렇게 공부시켰다는 것은 정말 대단하다 하지 않을 수 없다.

당시 우리 집은 보성에서 중소농에 해당하는 집안이었지만 워낙 대식구라 농사지은 것으로는 우리 식구 양식을 하면 조금밖에 남지 않는 수준이었다. 그렇기에 우리 아버지는 자식들을 교육시키기 위해 농사 외에도 유별나게 일을 많이 하셨다.

우리 집에는 힘 좋은 소가 있었는데 아버지는 그것을 이용하여 농번기 때는 이른 새벽부터 밤늦게까지 다른 집 논갈이 해주고, 장날에는 수레에 마을사람들의 쌀을 싣고 장에 운반하여 돈을 마련하셨다.

이뿐만이 아니었다. 농한기 때는 좀 쉬었으면 좋으련만 집에 소가 있고 수레가 있으니까 그걸 가지고 공사장 같은 곳에 가서 자재운반 등의 일을 하셨고, 또 쪽파, 버섯 등을 따로 키워서 장날에 내다 팔곤 하셨다. 나의 부모님은 이렇게 열심히 일하여 가정을 이끌어오셨다.

부모님 재산을 담보를 받아온 나는 마음에 부담이 너무나도

알칼리 이온수가 내 몸을 살렸다

컸다. "이 담보는 우리 집의 명줄이다. 그렇기에 나는 결코 이 담보를 잃어서는 안 된다"는 각오가 내 머릿속을 지배했다. 결코 실수를 해서는 안 된다는 '배수진背水陣'을 친 것이다.

반드시 성공하리라. 절대로 실패하지 않으리라. 나는 나의 각오를 지키기 위해 매일 스스로를 채찍으로 내리치는 심정으로 살았다. 그러면서 남들보다 더더욱 근면하고 성실하게 알칼리 이온수기 사업에 전력투구하였다.

결국 이 담보로 자금 압박을 해소한 나의 사업체는 성장에 박차를 가해 세계에서 손꼽히는 알칼리 이온수기 회사 '바이온텍'으로 거듭날 수 있었다. 담보 설정 후 차용한 금액도 빌린 지 3년이 되는 시점에서 전부 갚을 수 있었다.

나는 바이온텍의 성공이 오로지 나의 노력만으로 이루어졌다고 생각하지 않는다. 나를 믿어주신 할아버지와 피 같은 재산을 담보로 내어주신 아버지가 안 계셨다면 지금의 바이온텍은 결코 존재하지 않았을 것이다.

●

2장

물에서 배운 경영철학

물은 위에서부터 변화한다
경쟁력 있는 제품을 위한 결단과 혁신

내가 창업한 알칼리 이온수기 유통회사의 매출이 올라갈 무렵이었다. 알칼리 이온수기 시장이 커지니 국산 알칼리 이온수기를 개발 및 제조하여 판매하는 회사들도 하나둘 생겨나게 되었다. 나 역시 국산 알칼리 이온수기를 제조하여 판매하는 사업을 꿈꾸고 있었으나 기술을 개발하고 제조공장을 차린다는 게 만만치 않은 비용이 들어가는 일이어서 시기를 엿보고 있었다.

부산에서 사업을 시작한 지 8년 정도 되던 무렵인 1993년, 대구의 한 이온수기 제조공장에 부도가 났다는 소식을 듣게 되었다. 절호의 기회라는 생각이 든 나는 그 공장을 인수하게 되었다. 그리고 그 공장을 정상화시킨 끝에 알칼리 이온수기 제조업에도 진출하게 되었다.

알칼리 이온수가 내 몸을 살렸다

우리가 만든 이온수기를 우리가 판매하니 꽤 괜찮은 비즈니스 구조가 갖춰졌다. 그러나 문제는 제조업 자체의 난이도였다. 당시 국내 정수기기 제조 기술력은 형편없는 수준에 머물러 있었다. 우리가 만들어낸 알칼리 이온수기 역시 마찬가지였다.

처음에 나는 어찌 됐든 물건만 만들면 된다고 생각했다. 1만 대를 생산하면 5,000대가 불량제품이었지만 나머지 5,000대를 팔기만 해도 남는 장사니 문제가 없다고 생각했다.

하지만 더 큰 문제는 물건이 팔린 뒤에 발생했다. 1년 동안 1만 대를 팔았는데 AS가 1만 5,000건이 들어왔다. 이온수기에 들어가는 각종 부품의 내구도 및 전자시스템의 완성도가 낮아 1년도 안 되어 제품 곳곳에서 고장이 나던 것이었다. 그때 당시 국내 생활가전의 상황이 대부분 이랬다.

상황이 이렇다 보니 만들어내면 만들어낼수록 손해요. 팔면 팔수록 적자가 쌓이는 상태로 빠져들었다. 이대로 가다가는 회사가 망할 것 같아 뭔가 수를 쓰지 않으면 안 되었다.

그때의 상황을 돌이켜보면 '문제가 뭔지는 아는데 해결책을 모른다'는 말이 딱 들어맞을 것이다. 당시 나는 이미 10년 이상 이 분야에 종사하고 있었으므로 국내에서는 나만큼 이온수기의 구조에 대해 자세히 아는 사람도 드물었다. 그렇기에 알칼리 이온수기에 발생하는 문제에 대해서는 확실히 파악하고 있었다. 현장에서 영업을 해봤기에 고객들이 어떤 방식으로 이온수기를 써서 고장이 발생하는지도 정확하게 알고 있었다.

다만 문제는 해결책을 찾는 일이었다. 당시의 나로서는 이온수기 제조과정에서 발생하는 하자 문제를 해결할 수가 없었다. 문제가 발생하는 부위의 구조를 바꾸고 부품을 갈아치워도 막상 출고되어 나가면 전과 똑같은 고장이 났다는 컴플레인이 들어왔다. 해결이 되질 않는다. 어째서일까?

나는 심기일전하여 문제를 해결하고자 그간 발생했던 우리 알칼리 이온수기의 문제점들을 쭉 살펴보았다. 이온수기 부품의 내구성이 부실한 문제부터 하드웨어와 소프트웨어가 부조화 하는 문제까지 '총체적 난관' 그 자체였다. 이때 내가 한 생각은 아예 새롭게 다시 시작하는 것이었다. 일의 흐름을 바꾸기 위해서는 아주 근본적인 부분에서부터 바꿀 필요가 있었기 때문이다.

모든 제조업은 작고 단순한 부품들을 생산하는 데서부터 시작한다. 또 부품들을 조립하는 과정은 공장 근로자들의 손에 의해 이뤄진다. 이러한 부분이 제조업의 '상류'라면 구조와 부품을 바꾸는 문제는 제조업의 '하류'라 할 수 있다. 나는 강의 상류를 보지 못한 채 하류인 부품의 조립 단계에서만 문제를 해결하려 했던 것이다.

●

알칼리 이온수가 내 몸을 살렸다

내가 가장 먼저 바꿔야겠다고 결심한 것은 '사람'이었다. 나는 기존의 대구 공장을 접고 새로 공장을 차리기로 했다.

제조업에서 생산되는 제품의 품질은 공장 종사자들이 지닌 의식 수준에 직결된다. 아무리 좋은 설계와 설비가 있어도 일을 진행하는 사람들이 각 과정을 꼼꼼하게 챙기지 않으면 생산되는 제품에 하자가 발생하기 마련이다. 내가 보기에 당시 대구 공장의 직원들은 제품 품질에 대한 종합적인 의식 수준이 상당히 떨어졌다.

공장을 접고 설비도 아예 철수시켰다. 이미 체계가 갖춰진 공장의 설비와 근로자들을 한순간에 포기하는 것은 쉬운 일이 아니었다. 이후 2년간 바이온텍의 모든 영업활동이 중지되기까지 했으니 매우 위험한 결정이기도 했다.

1995년 삼성전자 이건희 회장은 15만 대의 삼성전자 휴대폰을 쌓아놓고 화형식을 거행했다. 1988년 국내 최초로 휴대폰을 개발해 세계시장에 선보였지만 제품 고장 컴플레인이 속출했기 때문이었다. 자신들의 기술력이 형편없다는 사실을 자각한 이건희 회장은 완전히 새롭게 시작하자는 뜻에서 이런 엄청난 일을 벌인 것이다.

내가 대구 공장을 접은 것은 이건희 회장의 휴대폰 화형식이 있기 2년 전이었다. 그때 이미 나는 '바꾸어야 한다'는 마음으로

053

대구 공장과 대구 공장에서 제조된 이온수기를 모두 폐기했다. 당장은 손해 보는 것처럼 보일지라도 결국 그 길이 더 빠르고 확실한 길이라는 것을 알았기 때문이다.

하지만 두려운 마음이 엄습하기도 했다. 대구 공장을 접는다면 대안은 무엇일까? 그 대안도 실패해버린다면 어떻게 하나? 직원들은 나를 따라와줄까? 그래도 성공하고야 말겠다! 그때의 나는 어떻게 하면 국산 이온수기의 기술력을 높일 수 있을지에 대해서만 생각하고 있었다.

다음으로 나는 '제품'을 바꾸기로 했다. 아예 처음부터 새롭게 알칼리 이온수기를 개발하기 시작한 것이다. 이 또한 상류에서부터 문제를 해결하고자 한 노력의 일환이었다.

나는 새로운 국산 이온수기를 만들어내기 위해 동으로 서로 뛰어다녔다. 일본을 드나들며 그들의 제품을 사들이고 분석하기도 했다. 그렇게 오랜 노고 끝에 1995년 드디어 국산 이온수기의 기술력을 높일 방안을 마련할 수 있게 되었다.

제조 공정은 NRTL북미주 안전규격, TTUV독일 안전규격, UL북미품질규격, CE유럽 품질안전, CSA캐나다 국제표준품질규격 등을 따냄으로써 기술력도 인정받게 되었다.

●

알칼리 이온수가 내 몸을 살렸다

마지막으로 나는 우리 회사의 '아웃소싱 Outsourcing'을 바꾸기로 했다. 당시 바이온텍은 대부분의 부품을 하청으로 제작시킨 뒤 자사 공장에서는 최종 조립만 하여 이온수기를 만들었다. 그렇기에 이온수기의 내구성 부족 문제는 대부분 하청으로 생산한 부품들에서 발생하고 있었다.

문제를 해결하려면 아웃소싱 업체의 생산 퀄리티를 높여야 했다. 그러나 이것은 그저 아웃소싱 업체들을 갈아치우거나 닦달한다고 해서 해결될 문제가 아니었다. 그런 성격의 사안이었다면 오랜 시간 고심하지도 않았을 것이다. 나는 아웃소싱 업체를 바꾸는 것은 물론 아웃소싱 업체에 일을 맡기는 우리의 근본적인 태도를 바꾸기로 했다.

제품 품질 향상의 핵심은 아웃소싱 업체를 다루는 우리의 노하우에 있었다. 원청업체가 해당 분야의 동작 프로세스를 얼마나 구체적으로 파악하고 있느냐에 따라 아웃소싱 업체의 기술력은 극명하게 달라지기 마련이다.

아웃소싱 업체는 원청업체가 요청하는 대로 물건을 만들뿐이다. 그런데 그 요청의 내용이 부정확하거나 아웃소싱 업체 공장의 생산 여건을 모른 채 구성된 것이라면 만들어지는 제품도 부실할 수밖에 없다. 원청업체는 아웃소싱 업체에게 우리가 만들려는 제품이 무엇인지, 그것을 만들려면 어떻게 해야 하는지를 정확히 설명해줄 수 있어야 한다.

이를 해결하기 위해서는 우리 스스로가 알칼리 이온수기에 들어가는 각 부품의 생산 디테일을 완전히 알아야 했다. 나는 알칼리 이온수기에 들어가는 각종 부품이 어떤 공법으로 제작되는지부터 시작해서 어떠한 원자재를 투입하는지까지 세세히 살피고 공부했다.

그렇게 공부한 내용을 바탕으로 아웃소싱 업체에 아주 세세하게 요청사항을 전달했다. "우리는 이러한 기능을 가진 부품이 필요하다. 이 부분의 강도가 강해야 하기에 이런 공법을 쓰고 재료는 이렇게 써서 단가를 맞춰라. 할 수 있겠는가?" 우리의 조건을 맞춰줄 기술력과 성실성을 가진 아웃소싱 업체를 찾는 것도 중요했다.

제조과정의 모든 것을 바꿔버린 나는 마침내 경기도 군포시 당정동에 다시 공장을 열었다. 아웃소싱 업체는 물론 우리 공장에서 일하는 직원들까지 수도권을 중심으로 새롭게 꾸렸다. 제품의 시스템과 디자인까지 변화시킨 것은 물론이다.

마침내 기술력이 뒷받침된 국산 알칼리 이온수기를 판매할 수 있게 된 바이온텍은, 이후 국내 이온수기 시장 1위를 달리게 된다. 이 모든 것이 상류에서부터 문제를 해결하기 위해 노력한 덕분이었다.

●

그야말로 눈물겨운 발전이라 하지 않을 수 없다. 이건희 회장의 애니콜 화형식이 있었기에 오늘의 삼성이 있었듯이, 나 역시 그때 대구 공장을 과감히 접었기에 오늘의 바이온텍을 세울 수 있었던 것이라 확신한다.

세상만사가 이런 법이다. 내가 고민하고 있는 문제의 해결방법이 보이지 않는다면 그것은 일의 더 깊은 부분, 상류가 되는 부분을 보려 하지 않았기 때문이다. 일의 상류로 올라가 더 본질적이고 선행적인 부분을 살피면 어떤 문제든지 해결책을 찾을 수 있게 된다.

문제의 해결책을 찾았다면 용기를 내어 상류에서부터 물을 변화시켜야 한다. 당장의 손실을 감내하고서라도 본질적인 변화를 추구해야 한다. 상류에서 변화된 일의 흐름은 하류에서 더 큰 변화를 만들어낸다. 물론 그 과정에서 사업의 모든 부분을 조율하고 재설계해야 한다. 그것이 내가 터득한 '흐름을 바꾸는 물의 경영'이다.

물은 끊임없이 흐른다
한 가지 길에 매진해야 성공할 수 있다

알칼리 이온수기를 개발한 뒤에도 여러 차례 위기가 찾아왔다. 생활가전 대기업들이 이온수기 시장에 뛰어들기도 했다. 하지만 이때 출시된 경쟁 제품 중 지금까지 남아있는 제품은 거의 없다. 특히 대기업 제품들은 이제 시장에서 찾아보기도 힘들다.

오늘날 바이온텍의 국내 알칼리 이온수기 시장점유율은 60%에 육박하는 상황이다. 내가 알칼리 이온수기 영업을 시작한 것이 1983년, 햇수로 40년째 알칼리 이온수기 외길을 걸어왔으니 60%에 달하는 바이온텍의 시장점유율은 꾸준히 한 길만을 걸어온 결과라 할 수 있다.

어떤 사람들은 기업의 성공 비결이 '다양성'에 있다고 이야기한다. 만약 다양성이 성공의 비결이라면 나는 한참 뒤떨어진 사람에 불과할 것이다. 나는 무려 40여 년간 이온수기 외길 인생을 걸어온 사람이기 때문이다.

　성공한 기업의 기준은 무엇일까? 흔히 사람들은 회사의 매출이 크고 자산가치가 클수록 성공한 기업이라 얘기한다. 그런 차원이라면 나는 감히 성공했다는 말도 꺼낼 수 없을 것이다. 그런 기준으로는 세상에 큰 기업들이 너무 많기 때문이다.

　한편 어떤 이들은 한 분야의 '탑Top'이 되는 것도 성공이라고 이야기한다. 이런 관점이라면 나도 명함을 내밀 수 있을 것이다. 이온수기 분야에서 수십 년째 선두를 달리고 있기 때문이다. 이런 관점의 성공을 바라는 사람들이라면 나처럼 '물과 같은 경영'을 하길 추천한다.

　물은 언제나 자신이 흘러왔던 한 길로만 흘러내린다. 어느 날 그 길에 장애물이 생긴다 해도 물은 계속해서 그곳으로만 흐를 뿐이다. 끊임없이 밀어붙여 침식작용을 통해 물길을 넓히거나 장애물을 치워낸다.

　사람이 한 길을 가다 보면 온갖 장애물이 나타나게 마련이다. 이때 물과 같은 경영을 하는 사람은 어떻게든 그 장애물을 극복하려고 노력할 것이다. 그 길 외에는 갈 수 있는 길이 없다고 생각하기 때문이다. 반면 그렇지 않은 사람은 장애물을 넘으려 하지 않고 더 쉬운 다른 길을 찾아간다.

내가 그 긴 세월 알칼리 이온수기만을 바라보고 달려온 것은 나와 알칼리 이온수와의 만남이 운명이었기 때문이다. 일평생 나를 괴롭혀온 위장병이라는 덫에서 나를 구원해준 것이 알칼리 이온수였다. 이러한 운명은 내가 알칼리 이온수기 사업에 매진하게 하는 강력한 동기로 작용했다.

물은 갑작스럽게 방향을 바꾸는 경우가 없다. 물이 다른 길로 흐르기 시작하면 항상 무언가 문제가 생긴다. '여기서 내 삶의 방향을 전환시키려하거나 다른 사업거리를 찾는다면 나의 인생은 분명 길을 잃고 범람해버릴 것이다' 알칼리 이온수기에 매진해온 기나긴 세월 동안 이러한 직감이 내 마음속에 자리 잡고 있었다.

나라고 왜 역경이 없었겠는가? 정수기 시장이 활황을 이룰 때 나 또한 인기 없는 알칼리 이온수기를 관두고 그 시장에 뛰어들고 싶은 마음이 굴뚝같았다. 하지만 나에게는 알칼리 이온수기에 대한 사명이 있었기에 다른 길은 꿈도 꿀 수 없었다.

나의 외길 성공 비결은 이것 하나다. 눈보라가 쳐서 나를 막더라도 포기하지 않고 한 길로만 쭉 간다. 그렇게 역경을 넘고

●

넘다보면 눈보라를 극복하는 방법도 보이고 다른 역경을 해결할 지혜도 생기게 된다.

열심히 앞으로 나아가다 옆을 살펴보면 나와 같은 길을 걷는 경쟁자들도 보인다. 경쟁자들의 수가 많아 처음엔 덜컥 겁이 나기도 하지만 길을 좀 더 가다 보면 어느새 경쟁자들은 하나둘 사라지고 만다. 그렇게 몇 번을 반복하면 나도 모르게 1등의 자리에 서 있을 수 있다.

물은 목적지만 바라보고 나아간다
눈앞의 이익보다 가치를 추구하는 경영

수많은 명사와 성공자들이 입을 모아 하는 말이 있다. '돈에 집중하지 말라. 의미 있는 일을 하다보면 돈이 자신을 좇아오게 되어 있다' 이 말 속에 담긴 의미를 생각해보자. 이 말은 성공을 좇아 열심히 달려가고 있는 젊은이들에게 '굳이 돈 생각은 할 필요 없다'며 위로하는 말일까?

그렇지 않다. 이 말에 담긴 핵심 의미는 '돈을 탐낼 경우 실패할 수도 있다'임을 명심해야 한다. 단언하건대 돈에 대한 과도한 욕심은 성공의 걸림돌이 되기 마련이다. 한 분야에 1등이 되기 위해서는 돈과 반대되는, 장기적으로든 단기적으로든 손해가 되는 길을 가야 할 때도 있기 때문이다.

사업을 하다보면 '막연한 지출'과 '무모한 도전'을 해야 될 때

알칼리 이온수가 내 몸을 살렸다

가 온다. 그것들은 어떤 면에서 보면 꼭 하지 않아도 되는 것들이다. 그러한 도전을 하지 않아도 현재의 수익성을 유지하는 데에는 아무런 문제가 없기 때문이다. 또한 도전에 성공한다 하더라도 그다지 큰 이익이 되는 것도 아니다.

돈을 좇는 사람은 결코 이러한 도전을 하지 않는다. 반면 돈이 아닌 자신의 신념과 본질적인 목표를 좇는 사람은 이러한 도전에 기꺼이 응한다. 이를 통해 돈은 더 벌지 못할지라도 자신의 사업을 한 단계 더 높은 경지로 올려낸다.

1986년에 창업한 이래 내가 지금까지 알칼리 이온수기에 투자한 금액을 헤아려보면 수백억 원이 훨씬 넘을 것이다. 그중에 대부분은 현재 바이온텍이 위치하고 있는 군포에 와서 투자한 것들이다.

투자는 지금도 계속되고 있다. 우리 회사는 지속적으로 기술개발에 힘쓰고 있다. 그래야 시장에서 도태되지 않고 살아남을 수 있기 때문이다. 제조업체는 기술개발 투자를 3년만 하지 않으면 늙은이가 되어 도태되어 버린다. 그게 제조업계의 현실이다.

알칼리 이온수기는 의료기기에 속하기 때문에, 인체에 일으키는 작용과 기저를 살피는 임상시험도 계속해야 한다. 예를 들어 판매와 관련하여 '알칼리 이온수가 어떤 질병에 좋다'는 광고를 하려면 기업은 그에 대한 임상증거를 확보해놓아야 한다.

때문에 바이온텍은 알칼리 이온수와 변비에 관한 임상시험을 4년에 걸쳐 지속하고 있다. 현재 이온수기와 관련하여 의료적으로 효과가 있다고 인정된 질병은 소화기 관련 질환 네 가지뿐이다. 우리 회사는 여기에 변비를 추가하기 위해 임상시험을 진행하는 것이다. 다음으로는 당뇨병에 대한 임상이 들어갈 예정이다.

하나의 질환에 대해 임상시험을 하려면 무려 수년의 세월이 걸릴 뿐 아니라 엄청난 비용까지 들어간다. 어떤 기업이 광고 하나 허가받고자 임상시험을 하려고 들겠는가? 경제적 논리에 맞지 않으므로 중국 제품이고 대기업 제품이고 다 손을 들 수밖에 없는 것이다. 이것을 할 수 있는 건 바이오텍뿐이다.

어쩌다 새로운 이슈가 생기면 그에 맞는 알칼리 이온수기를 만들어내기 위해 돈이 왕창 들어간다. 여기서 말하는 새로운 이슈란 제조·유통 과정에서 전에 없던 문제가 발생한 것일 수도 있고 새로운 제조 기술이 개발된 것일 수도 있다. 또 건강 분야나 가전제품 산업에서 새로이 각광받는 트렌드를 알칼리 이온수기에 접목하는 것일 수도 있다.

바이온텍이 현재 알칼리 이온수기 시장에서 절대적인 위치를 점할 수 있는 것은 기술개발에 대한 무모할 정도로 지속적인

알칼리 이온수가 내 몸을 살렸다

투자가 있었기 때문이다. 물론 이 과정에서 단종되거나 폐기된 제품과 기술도 부지기수다. 솔직히 말해 투자를 어느 정도 선에서 제한했더라면 우리 회사는 더 큰 이익을 냈을 것이다.

그러나 이렇게 들어간 비용은 우리 회사를 이 분야에서 남들이 함부로 넘볼 수 없는 경지에 올려놓았다. 나는 설령 돈을 조금 더 못 벌었을지언정 업계에서 압도적인 점유율을 차지하고 있는 우리 회사의 모습이 더욱 자랑스럽다.

물은 오로지 자신의 목표를 향해 나아간다. 그 과정에서 돈이나 명예 같은 부수적인 생각은 하지 않는다. 언제 어디에 있든 더더욱 밑으로 내려가 자신의 본질을 향해 깊게 파고든다. 그 결과 바다라는 가장 큰 영광에 다다른다.

내가 단지 돈을 벌기 위해 알칼리 이온수기 사업을 한 것이었다면 진즉에 사업을 포기했을 것이다. 성공했더라도 기업을 키우고자 다른 일에 도전했을 것이다. 그러다 알칼리 이온수기 시장의 점유율은 까먹었을 것이다.

나에게는 오직 사람들에게 알칼리 이온수의 효능을 알리고 세계적인 국산 알칼리 이온수기를 보급하여 인류의 보건건강에 기여한다는 사명감뿐이었다. 그러한 사명감은 나로 하여금 알칼리 이온수기 시장에만 집중하게 했다.

물은 한결같이 투명하다
사업가는 기교보다 정직함을 앞세워야 한다

알칼리 이온수기는 정수기와는 개념 자체가 다른 제품이다. 정수기가 일반 가전기기라면 알칼리 이온수기는 의료기기에 포함된다. 때문에 관련 당국식약처에서는 이온수기의 생산과 판매를 매우 예민하게 규제·관리한다.

　알칼리 이온수기 제조회사는 3년에 한 번씩 의료기기 품질관리GMP 심사를 받아야 한다. 심사 과정에서 회사는 전체 생산과정과 개발과정, 품질관리 상황, AS 기록 등을 공개해야 한다. 규제가 이렇게 까다로우니 심사를 준비하는 데에도 상당한 시간과 노력이 들어간다. 또한 새로운 제품은 물론 이미 승인된 제품도 5년마다 허가를 갱신해야 한다.

　이는 알칼리 이온수기 제조업이 사업성이 떨어지는 원인이다. 그래서 그 많던 이온수기 기업들이 자취를 감춘 것이다. 지금까지 없어진 이온수기 업체만 해도 50군데는 넘을 듯싶다. 현재 국내에 남아있는 이온수기 업체라고는 10여 곳에 불과하다.

그렇다면 바이온텍은 어떻게 이 많은 규제와 까다로운 조건 속에서 견뎌내며 압도적 1위를 유지할 수 있었을까? 그것은 바로 한결같은 제품의 품질에 대한 고집이 있었기 때문이다.

나는 1957년생으로 고희를 향해가는 나이에 있다. 동년배 기업인들의 상황을 보면 대표니, 회장이니 직함은 달고 있지만 대부분이 회사의 아웃사이드로 빠져있는 것을 볼 수 있다. 그런데 나는 지금도 8시 이전에 회사에 출근하여 회사의 대표로서 업무를 본다.

아침 일찍 출근한 나는 오전에 한 시간씩 회의를 주재한다. 월화수목금 요일마다 각기 다른 팀과 회의를 잡아 업무동향에 대한 보고를 받는다. 월요일은 영업팀, 화요일은 생산팀, 수요일은 관리팀, 목요일은 전산팀, 금요일은 개발팀의 얘기를 듣는 식이다.

이때 각 팀의 성과 보고를 받는 것도 중요한 업무지만, 무엇보다 내가 주목하는 것은 제품의 품질이 어느 정도로 유지되고 있는지를 파악하는 것이다. 각 팀에서 파악되는 제품 품질 정보

●

를 수집하고 다양한 측면에서 검토한다. 문제가 있다고 판단될 경우 이를 개선하기 위해 총력을 다한다.

물은 언제 어디서나 자신을 투명하게 유지하고자 노력한다. 부유물과 모래는 아래로 가라앉히며 물속 플랑크톤으로 유기물들을 분해시킨다. 때로는 하늘로 증발하였다가 비가 되어 떨어진다. 이러한 과정을 통해 투명하고 깨끗해진 물은 모든 생명체로부터 사랑을 받는다.

이처럼 기업은 자신이 만들어내는 제품의 품질을 올리기 위해 한결같이 노력해야 한다. 아무리 영업력이 좋아 매출의 파이를 키운들 기업이 늘 해오던 일을 제대로 하지 못하면 그 회사는 망할 수밖에 없다.

나는 알칼리 이온수기 사업을 시작한 이후로 시장점유율 1위를 놓쳐본 적이 거의 없다. 이런 일이 가능했던 것은 모두 제품 품질에 대한 고집에 있었기 때문이다. 따지고 보면 알칼리 이온수기의 품질을 올리기 위해 기존 제품을 단종시키고 사업장을 대구, 부산에서 수도권경기도 군포시으로 옮겨 직원 및 부품 공급업체까지 모두 바꾼 사람이 나였다.

대구 공장을 운영하던 시절 우리 회사에서 생산·판매하는 제품 모델이라곤 단 한 종밖에 없었다. 그런데 그 제품의 품질이

알칼리 이온수가 내 몸을 살렸다

나의 기준에 적합하지 않았기에 제품을 단종시키고 내가 만족할 수 있는 신제품을 개발할 때까지 2년 동안 영업활동을 접어버렸다. 이렇게까지 했던 내가 이제 와서 제품의 품질을 포기할 수는 없는 일이다.

물은 자신의 그릇을 넘지 않는다
어음 지불을 남발해서는 안 된다

지금은 다양한 결제수단 등으로 인하여 어음이 거의 사라졌지만, 1980년대에서 2000년대 초반까지만 해도 기업에서 지급 결제수단으로 어음이 사용되곤 했었다. 어음이란 기업간에 거래를 할 때, 일정한 시기까지 대금을 지불하겠다고 약속하는 유가증권을 말한다.

나 역시 만약의 경우를 대비하여 은행에서 당좌개설 어음 수표 용지를 받아 회사에 갖다놓았다. 하지만 나는 사업을 하면서 단 한 번도 어음을 발행하거나 사용하지 않았다. 어음을 발행하는 것은 결국 거래 상대방으로부터 돈을 빌리는 것과 같다고 생각했기 때문이다.

물론 어음을 발행했다면 유통할 수 있는 자금이 늘어나, 지금보다 빠르게 사업을 확장시킬 수 있었을 것이다. 그럼에도 불구하고 그렇게 하지 않은 것은 내가 선천적으로 남에게 돈 빌려달라는 소리를 잘 못하는 사람이었기 때문인 점도 있지만, 무엇보다 나는 주변에 자금이 어려우면 도움을 청할 만한 배경이 없었기 때문인 점도 있다. 나는 전형적인 전라도 시골의 '흙수저' 출신이었기에 항상 조심할 수밖에 없었다.

어음으로 거래하면 당장 현금이 없어도 거래할 수 있으므로 편리하다. 하지만 어쩌다 유동성 계산을 잘못하여 어음 결제일이 한꺼번에 몰려오면 그때는 회사 자체가 흔들릴 정도의 위기에 봉착하고 만다.

당시 기업들 중에는 사업이 잘될 거란 생각으로 무리하게 어음을 발행하는 경우가 적지 않았다. 이 때문에 회사가 보유한 자본보다 훨씬 높은 규모로 어음을 발행하는 경우도 있었다. 하지만 어떻게 세상일이 내 뜻대로 되겠는가? 사업을 하다보면 생각지 못한 일로 돈이 나가기도 하고 내게 돈을 줘야 할 사람이 돈을 못 주는 경우도 생긴다.

그러다 내가 발행한 어음의 결제일이 다가오면 돈을 받아야 할 상대 회사에 전화를 걸어 사정사정하며 결제일을 미뤄달라고 요구한다. 그런데 마침 상대방도 자신들이 발행한 어음의 결제

일이 임박해있으면 얄짤없이 추심에 들어간다. 그렇게 부도가 나는 일이 발생하곤 했다. 어음은 그만큼 모 아니면 도의 성격이 강한 거래방식이었다.

어음을 발행하는 기업의 사장들은 늘 하소연을 입에 달고 산다. 왜 그리 직원 급여일이 빨리 다가오는지 모르겠다는 하소연을 털어놓기도 하고, 거래처 결제일이 다가올 때마다 피가 마르는 느낌이라 말하기도 한다. 나는 그런 기업의 대표들을 주변에서 많이 봐왔기 때문에 간접적으로 그 느낌과 고통을 알고 있다. 사실 어음 발행을 하지 않겠다고 결심한 배경에는 그런 모습들을 목격한 것도 있었다.

어음을 발행하지 않았음에도 불구하고, 아니 어음을 발행하지 않았기에 우리 회사는 다른 기업들이 흔히 겪는 자금 부족에 시달려 본 적이 없다. 뿐만 아니라 나는 단 한 번도 거래처 결제 대금과 직원들 급여를 미뤄본 적이 없었다.

내가 어음 발행을 하지 않고 현금만 거래했다고 하니 든든한 뒷배경이라도 있었을 거라 생각하겠지만, 사실 나에게는 뒷배경도 전혀 없었다. 나는 오직 통장 속의 부족한 자금만으로 무차입에 가까운 경영을 해왔다. 자동차로 치면 절대 고속주행은 하지 않고 오직 안전주행만을 해온 셈이다.

●

물은 그릇에 담길 수 있는 양을 초과하면 넘치기 시작한다. 거기에 계속 물을 부은들 결코 그릇에 담기지는 않는다. 어음을 발행하는 행위는 내가 지닌 그릇의 크기 이상으로 물을 붓는 행위와 같다.

사업을 하는 사람이라면 늘 자신의 그릇 크기를 염두에 두어야 한다. 현재 가용 가능한 기업의 자본을 파악해두고 그 안에서만 일을 벌여야 하며, 어음을 발행해야만 진행할 수 있는 매출은 깔끔하게 포기해야 한다. 내 그릇 이상으로 넘치는 물은 내 물이 아니라 여기는 것이다.

당장의 이익은 작을지라도 기업의 자본으로 거래를 하며 조금씩 이윤을 쌓다보면 사업의 규모는 커지고 기업의 내실은 다져진다. 시간이 걸리더라도 내가 가진 그릇의 크기는 조금씩 커져간다. 이는 결코 손해가 아니다.

여기에는 내가 사업을 하는 목적이 단지 회사를 키우고 돈을 버는 데 있지 아니했던 점도 크다. 온 국민에게 알칼리 이온수를 보급해야 한다는 사명이 있었기에 나는 매 시기마다 안전한 경영적 판단을 해올 수 있었다.

물은 세심하게 살핀다
고객이 뭘 필요로 하는지 파악해야 한다

바이온텍 근처에는 흑염소탕 식당이 있었는데 과거에 장사가 매우 잘되던 집이었다. 맛이 좋아 우리 직원들이나 거래처 사람들과 이곳에서 자주 식사를 했던 기억이 난다. 그러는 동안 가게 사장과도 안면을 트고 지냈다.

그 사장은 흑염소탕을 팔아 돈을 꽤 벌었다고 했다. 덕분에 다른 도시에 땅도 사고 건물도 짓고 했다는 얘기를 들려주었다. 얼마 더 있자 아예 자기 건물로 흑염소탕 식당을 이전한다고 했다. 대신 원래의 흑염소탕 식당은 10년 동안 근무한 자신의 직원에게 넘겨준다고 했다.

그런데 어떻게 된 일일까? 3년도 안 되어 직원에게 넘겨준 원래의 식당은 문을 닫고 말았다. 반면 사장이 새로 연 식당은 문

전성시를 이뤘다. 무엇이 이런 차이를 만들었을까? 사장이 새로
연 식당에 가보면 답을 얻을 수 있다.

그 사장은 식당 근무 중에도 정장 차림으로 넥타이를 매고
나와 예의 바르게 손님을 대한다. 하나를 보면 열을 안다고 그것
만 봐도 그 사장이 왜 성공하는지를 알 수 있게 된다. 작은 것 하
나까지 살피고 신경 쓰니 손님들이 감동하여 다시 찾는 것이다.

말마따나 그 가게는 항시 구석구석까지 깨끗하게 청소되어
있어 위생에 민감한 사람들도 안심하고 먹으러 갈 수 있었다. 식
탁 위에 올라오는 반찬들도 맛과 신선함에 있어 하나같이 공을
들였다는 것이 느껴졌다.

물은 자신이 맞닿아있는 모든 것을 살핀다. 개울의 물은 갈
라진 바위틈, 흙 사이도 비집고 들어가 구석구석 들여다본다. 우
리의 몸안으로 들어온 물도 마찬가지다. 물은 체내에서 혈관 하
나, 세포 하나까지 돌아다니며 영양분을 공급하고 노폐물을 배
출시킨다. 먼 태곳적부터 물이 모든 생명의 근원이 된 것은 이런
섬세함 때문이 아니겠는가?

이와 같이 모든 기업은 고객을 세심히 살필 줄 알아야 한다.
고객들이 기업의 물건을 쓰다가 문제가 생길 경우 기업은 성실
하게 그 문제를 해결해줄 수 있어야 한다. 그런데 많은 기업들이

●

075

그저 팔기에만 열중할 뿐 고객들의 말에 귀를 기울이지 않는다.

그런 기업의 직원들은 고객이 불만을 제기할 때, 그것이 즉각적으로 해결할 수 있는 문제라면 해결해주지만 그럴 수 없는 문제라면 나몰라라 하며 방치한다. 어떻게든 고객의 문제를 해결하기 위해 노력하지 않는다. 회사의 경영방침과 태도가 고객을 무시하니 직원들도 자연스레 그렇게 되는 것이다.

이로 인해 고객 불만이 쌓이게 되면 결국 회사의 판매량은 줄어든다. 회사를 경영하는 입장에서는 대체 왜 회사의 판매량이 줄어드는지 알 수 없으니 답답할 노릇이다. 고객을 외면하는 기업들이 점점 망해가는 이유가 바로 여기에 있다.

반면 고객들을 섬세하게 살필 줄 아는 기업은 고객들의 사랑을 받기 마련이다. 바이온텍이 시장점유율 1위를 해낼 수 있었던 비결 또한 고객들을 세심하게 살피는 데 있었다. 그리하여 고객의 니즈를 정확히 파악하고 충족시켜주어 고객들을 감동시키는 데에 주력해왔다.

알칼리 이온수기는 한 번이라도 고객이 직접 사용해보면 꼭 필요하다고 느끼게 된다. 그러나 사용해보기 전까지는 구매가 망설여지는 것이 사실이다. 나는 이러한 고객의 니즈를 깨달아 알칼리 이온수기에 과감히 렌탈시스템을 도입하였고 성공적으로 정착시켜 나가고 있다. 고객이 구매를 하는 시점과 제품을 사용해보는 시점의 간극을 렌탈시스템으로 매워낸 것이다.

그렇다면 어떻게 해야 이러한 고객의 니즈를 파악할 수 있을까? 고객뿐 아니라 누구든 상대의 니즈를 파악하기 위해서는 우선 상대에게 최대한 가까이 다가가야 한다.

영업자들은 물건을 팔기 위해 고객들과 최전선에서 만나는 사람들이다. 이들은 고객의 니즈를 읽어내기 위해 '고객과의 소통'에 주력해야 한다.

고객과의 소통이 중요한 이유는 대부분의 고객이 소극적인 성격을 갖고 있기 때문이다. 적극적인 성격의 고객은 조그마한 문제만 생겨도 즉각 리콜을 걸지만 소극적인 성격의 고객은 큰 문제가 아니라면 리콜을 거는 경우가 거의 없다.

소극적인 성격의 고객들은 불만이 생겨도 말 한마디 하지 않는다. 대신 다시는 그 회사의 제품을 사용하지 않는다. 영업자들이 챙겨야 할 것은 이런 소극적인 고객들과의 소통이다. 그들과 관계를 쌓아 그들이 마음 편히 불만을 토로할 수 있도록 만들어야 한다. 영업자들이 이런 활동을 하지 않으면 회사의 매출은 급감하면서 서서히 무너질 수밖에 없다.

영업자라면 단지 물건을 팔 생각만 하지 않고 고객의 이야기를 잘 들어야 한다. 내가 영업 현장에 있을 때도 고객의 목소리를 챙기고자 신경 썼다. 그 덕분에 기존 알칼리 이온수기들의 문제점을 잘 알고 있었고 차후 질 높은 국산 이온수기를 개발해낼 수 있었다.

나는 지금도 회의를 할 때 가장 먼저 고객들과의 소통 결과를 묻는다. 이것은 거의 습관처럼 되어있다. 소비자들이 언제 어디서나 불만을 이야기할 수 있는 온라인 소통공간을 만드는 것도 중요하다. 바이온텍은 이런 시스템을 잘 갖추어 오늘의 위치에 이를 수 있었다고 생각한다.

나는 늘 바이온텍의 식구들에게 고객들의 컴플레인, 고장신고에 귀를 기울일 것을 당부한다. 현재는 영업현장을 떠났지만 몇 년 전까지는 내가 직접 한 달에 몇 집씩 컨택하여 고객의 의견을 청취하기도 했다. 지금도 가끔씩 제품의 설치 단계에서 고객들과 전화로 소통할 때가 있다.

이처럼 고객의 니즈를 충족시켜주려고 노력한 덕분인지 인터넷에 바이온텍에 대한 안티글이나 기사는 전혀 없는 수준이다. 대부분의 정수기와 이온수기는 5년 분할 렌탈 제도로 판매된다. 고객들이 렌탈로 사용하다가 제품에 불량이 있거나 서비스에 이상이 있으면 얼마나 불만이 많이 생기겠는가?

그럼에도 불구하고 안티가 없다는 것은 그동안 바이온텍이

알칼리 이온수가 내 몸을 살렸다

고객의 니즈를 잘 파악하고 잘 충족시켜왔다는 증거라고 생각한다. 니즈를 파악하는 것도 중요하지만 그 니즈를 재빨리 반영하는 것은 더 중요하다.

모든 기술은 고객의 니즈를 충족시켜주는 데서부터 시작한다. 바이온텍은 고객의 니즈를 충족시키는 데 전념한 결과 엄청난 기술발전을 이룰 수 있었다.

현재 바이온텍의 알칼리 이온수기 기술은 일본의 기업들보다 10년은 앞서가는 것으로 평가되고 있다. 과거 불량률이 50% 이상이었을 때를 생각하면 격세지감隔世之感이 아닐 수 없다.

물은 전 세계로 연결된다

전 세계 인류의 건강에 기여하는 바이온텍

바이온텍의 알칼리 이온수기 판매 전략은 국내 파트와 해외 파트 두 갈래로 펼쳐진다. 국내 시장에서는 이미 점유율 1위를 차지하고 있지만, 아직은 국내 알칼리 이온수기 시장 자체가, 정수기 시장에 밀리는 상황이라 비교적 매출이 적다.

그렇다면 해외 알칼리 이온수기 시장은 어떨까? 바이온텍이 전 세계 알칼리 이온수기 시장에서 1위를 하는 것은 아니지만 향후 매출 자체는 국내보다 해외가 더 클 것으로 예상된다. 해외시장의 규모가 빠르게 커지고 있기 때문이다.

바이온텍 알칼리 이온수기의 인지도도 국내에서보다 해외에서 더욱 유명하다. 특유의 애프터 서비스와 뛰어난 품질력을 인정받았다. 무엇보다 알칼리 이온수기의 원조라 할 수 있는 일본

알칼리 이온수가 내 몸을 살렸다

의 이온수기 품질보다 10년은 더 앞섰다는 평가를 받기도 했다.

덕분에 2010년에는 북미지역 및 이탈리아의 대형 의료기기 업체와 약 500만 달러의 계약을 성사시키기도 했다. 2024년에는 1,000만 달러 수출도 충분히 가능할 것이다.

이렇듯 효자 노릇을 하는 해외시장이지만 사실 초창기의 바이온텍은 국내 영업에만 치중했던 것이 사실이다. 국내 시장에서 1위를 달성하기 위해 내린 어쩔 수 없는 선택이었다. 그렇기에 지금은 더더욱 해외 알카리 이온수기 시장을 공략하는 데 신경을 쓰고 있다.

바이온텍이 적극적으로 해외시장의 문을 두드리기 시작한 것은 1990년대 후반부터다. 국내 시장에서의 입지를 안정시킨 뒤였다. 알칼리 이온수기는 선진국형 제품군에 속하지만 처음으로 문을 두드린 곳은 동남아였다.

1998년 유럽을 시작으로 미국, 캐나다, 일본, 중국, 동남아시아, 호주 등 전 세계의 나라들로 그 영역을 확대해 나갔다. 현재 바이온텍은 브라질, 캐나다, 중동, 이탈리아, 중국, 미국 등 전 세계 30여 개국에 이온수기를 수출하는 기업으로 우뚝 서 있다.

바이온텍은 전 세계에 국산 제품을 수출하는 기업으로서도

2장 물에서 배운 경영철학

인정받아 다양한 상을 받기도 했다. 2002년 경기도 유망중소기업에 선정된 것을 필두로 2009년 대한민국대표브랜드대상, 2009년 신기술으뜸상대상, 2010년 여성소비자가 뽑은 품질만족대상, 2010년 올해의 브랜드 대상, 2010년 네티즌선정 상반기 히트상품 대상, 2011년 대한민국 베스트 히트상품 대상, 2011년 대한민국 퍼스트 브랜드 대상, 2012년 한국 사용품질지수KS-QEI 2년 연속 1위, 2014년 중소기업 품질대상, 2016년 대한민국 브랜드 파워 대상, 2017년 산업통상자원부 무역인상 장관상, 2018 한국소비자평가 1위, 2019년 베스트브랜드 대상, 2019년 대한민국 로하스365 어워즈 보건복지부 장관상, 2021년 미래창조경영 우수기업 2년 연속 수상, 2022년 대한민국 베스트 신상품 대상, 2022년 고용노동부 장관상, 2022년 대한민국 소비자만족지수 1위 2년 연속 수상, 2023년 한국 소비자 만족지수 1위 3년 연속 수상, 2023년 대한민국 혁신대상 6년 연속 수상 등의 성과를 이루어냈다.

　　이 많은 수상 기록보다 내가 더더욱 자랑스러워하는 것은 기술신용평가에서 T3 등급을 받은 부분이다. 이것은 비상장회사에서 받을 수 있는 최고 등급이다. 이 등급이 있으면 나중에 주식시장에 상장을 할 때 기술심사를 아예 면제받을 수 있다.

●

알칼리 이온수가 내 몸을 살렸다

바이온텍은 이러한 기술적 기반을 바탕으로, 우리나라 시장을 석권하고 있던 일본 알칼리 이온수기 제품들을 몰아내는 데 기여하였다. 바이온텍이 없었다면 우리나라 알칼리 이온수기 시장은 아직도 일본 제품이 지배하고 있을 가능성이 높다.

1990년대 중반 일본의 알칼리 이온수기가 240만 원에 달할 때 나는 99만 원짜리 국산 알칼리 이온수기를 내놓아 승부를 하였다. 물론 그때의 기술력은 우리가 뒤지는 게 분명했다. 하지만 꾸준히 격차를 줄여나가면서 2015년부터는 바이온텍이 일본을 기술적으로 앞서가기 시작했다.

최근 일본의 한 회사에서 우리에게 OEM Original Equipment Manufacturer 제안을 하여 일본에 간 적이 있었는데, 그때야 비로소 이제는 우리 기술이 일본보다 10년 정도 앞서 있음을 확인하였다.

전 세계의 물은 오대양五大洋이라는 하나의 모체로 연결되어 있다. 자신들의 앞바다가 가득 찼을 때 물은 주저하지 않고 더 큰 바다로 나아간다.

어떤 분야든지 기업은 국내 시장에 안주하지 말고 해외로 나가 더 크고 강한 해외기업들과 경쟁해야만 한다. 국내 시장에서 입지를 지닌 기업은 물론 국내 시장에서 제대로 된 수익구조를 갖추지 못한 기업도 마찬가지다. 이런 기업들은 해외 시장으로 나갔을 때 오히려 더 큰 기회를 잡을 수도 있다.

바이온텍이 알칼리 이온수기 기술력으로는 전 세계 1위라는 성과를 낼 수 있었던 것은 국내 시장에 만족하지 않고 해외로 나가고자 하는 의지가 있었기 때문이다. 기술개발의 면에서, 경영의 면에서, 고객서비스의 면에서 모두 글로벌 스탠다드Global Standards를 지향하였기에 지금의 자리에 오를 수 있었다.

알칼리 이온수가 내 몸을 살렸다

물은 끊임없이 연단한다
철저한 자기관리와 반성이 있어야 한다

바이온텍은 어떻게 온갖 역경과 장애를 이겨내고 오늘의 위치에 이를 수 있었을까? 지난 40여 년의 시간을 돌아보았을 때 가장 먼저 떠오르는 생각은 내가 인생과 사업의 신조로 삼았던 문장이다. 나는 사업을 시작했던 1986년부터 집에 다음과 같은 문장을 써 붙여놓고 마음에 되새기곤 했었다.

'아침에는 희망과 계획을, 낮에는 성실과 노력을, 밤에는 반성과 기도를!'

그때 내가 이러한 문구를 붙여놨던 이유는 나약한 나 자신을 너무도 잘 알고 있기 때문이었다. 몸과 마음은 서로 연결되어 있

2장 물에서 배운 경영철학

게 마련이다. 나는 태어났을 때부터 병약한 사람이었다. 그렇기에 정신력 또한 강한 편이 못되었다. 그런 내가 정글보다 더 위험하다고 알려진 사업에 뛰어들어 성공하려면 단단한 정신무장을 하지 않으면 안 되었다.

나는 하루의 시간도 허투루 보내서는 안 되었다. 그때의 나에게 영감처럼 떠오른 문장이 바로 '아침에는 희망과 계획을, 낮에는 성실과 노력을, 밤에는 반성과 기도를!'이었다. 나는 이 문장을 하늘이 나에게 내려준 계시라 생각하며 그것을 지키려 노력했다.

물론 이 문장은 지금도 내 생활의 지침이 되고 있다. 또한 나는 이것을 나 혼자만의 신조로 삼지 않고 회사의 직원들에게도 전파하여 하루의 시간을 허투루 보내지 않도록 힘쓰게 했다. 나는 그 덕분에 바이온텍이 오늘날의 모습으로 우뚝 서 있을 수 있다고 확신한다.

이 짧은 문장에는 도대체 어떤 힘이 있기에 오늘의 거대한 성과를 있게 해주었을까? '아침에는 희망과 계획을'을 살펴보자. 아침에 일어나자마자 희망을 품는다는 것은 인생의 목표가 있다는 것을 뜻한다.

아침에 출근했는데 아무 생각이 없는 사람들이 너무도 많다.

알칼리 이온수가 내 몸을 살렸다

인생의 목표가 없으니 하루의 계획이 없고 낮에 성실과 노력이 나올 수도, 또 밤에 반성과 기도가 나올 수도 없다. 그런 삶에는 주도적인 결정이 있을 수가 없다. 그저 시간의 노예로, 일의 하인으로 살아갈 수밖에 없다.

사람에게는 목표와 계획이 있어야 한다. 그것은 소박하게 오늘 하루 돈을 얼마 벌겠다는 목표부터 몇 년 안에 내 집을 사겠다는 목표, 나아가 기업의 매출을 얼마까지 달성하겠다는 목표 등 다양하게 있을 수 있다. 따라서 아침에 희망과 계획을 가지기 위해서는 먼저 목표를 정해야 한다.

목표에는 반드시 마감시간이 들어가야 한다. '매출 100억 원을 달성하겠다'는 목표보다 '5년 안에 매출 100억 원을 달성하겠다'는 목표가 더 좋다. 어떤 조건이든 목표는 정확할수록 좋다.

전체적인 목표가 정해졌으면 이제 그 목표를 이루기 위한 세부적인 계획이 만들어져야 한다. 만약 목표를 이루기 위한 마감시간이 5년이라면 연간계획이 만들어져야 하고, 연간목표를 이루기 위한 월간계획, 주간계획이 만들어져야 한다. 그리고 그 계획대로 아침마다 그날의 계획을 짜면 단 하루도 시간을 낭비하지 않게 된다.

5년간의 계획은 이루기 어려워도 그날그날의 계획은 이루기가 쉽다. 그렇게 하루하루의 계획을 짜고 이루기를 반복하면 어

2장 물에서 배운 경영철학

느새 5년간의 계획도 이루게 된다. 이것은 무수한 자기계발서, 예를 들면『씨크릿』,『더마인드』등에서 증명된 원하는 목표를 이루는 방법이기도 하다.

'낮에는 성실과 노력을'은 무슨 뜻일까? 사람 중에는 드물게 선천적으로 성실한 이도 있지만, 나를 비롯한 대부분의 사람들은 선천적으로 게으른 사람이다. 게으른 사람의 경우 아무리 아침에 계획을 세우더라도 게으름이 발동하여 그 계획이 무산될 가능성이 높다.

작심삼일作心三日이라는 고사를 알고 있을 것이다. 말 그대로 뭔가를 하려고 마음을 먹고 계획을 세웠는데 이게 3일을 못 간다는 뜻이다. 이는 게으른 이들의 현실을 보여주는 말이기도 하지만, 사실 작심作心이라는 것은 아무것도 아님을 일깨우는 말이기도 하다.

게으른 이들은 자신들이 작심을 하면 '작심을 한 감정'이 자신의 몸과 정신력을 바꾸어줄 것이라 생각한다. 그러나 그 작심을 한 감정은 딱 3일 동안만 게으른 이를 움직이게 하는 원동력으로 작용한다. 3일이 지나면 감정 자체가 희미해지면서 원래의 게으른 모습으로 돌아오게 된다.

그렇다면 오랜 시간 동안 우리가 계획을 이루어나갈 수 있도

알칼리 이온수가 내 몸을 살렸다

록 독려해주는 것은 무엇인가? 그런 것은 없다. 그저 고통을 인내하며 하기 싫은 일을 하는 나 자신이 있을 뿐이다. 버려야 할 것이 있다면 무언가가 나를 움직이게 해줄 것이라는 수동적인 기대심리다.

성실과 노력은 자신이 직접 움직여 탑을 쌓은 결과물이다. 그렇기에 우리는 매일 같이 성실과 노력을 발휘하고자 스스로를 채찍질해야 한다. '낮에는 성실과 노력을'이란 문구는 이러한 인식의 연장선에서 탄생하게 되었다.

아무리 '아침에는 희망과 계획을'과 '낮에는 성실과 노력을' 지킨 사람이라도 '밤에는 반성과 기도를'을 실천하지 않으면 한계에 부딪힐 수밖에 없다. 자신의 과오를 뉘우치고 개선하는 반성과 기도가 없이는 오늘과 내일의 삶에 차이가 없기 때문이다. 그런 점에서 '밤에는 반성과 기도를'은 세 가지 요소 중 성장을 위해 가장 중요한 것일지도 모르겠다.

아무리 계획을 세우고 그것을 실천한다 해도 어떤 날은 계획대로 잘 이루어지지 않는 날이 있기 마련이다. 그것은 인간이 불완전한 존재이기 때문에 나타나는 자연적 현상이다. 이러한 한계를 뛰어넘기 위해서는 반드시 반성하는 태도가 필요하다.

이러한 반성의 시간은 하루를 마감하는 때에 가지는 것이 좋다. 하루를 보내고 그냥 잠드는 것보다 잠들기 직전 하루를 돌아보며 자신이 잘한 것을 칭찬하고 잘못한 것을 반성하는 시간을 갖길 바란다.

반성의 시간을 가진 뒤에는 그것을 어떻게 개선할지에 대해 생각하고 그러한 자신으로 바뀔 수 있도록 기도하기 바란다. 여기에 기도가 들어가는 것은 자신의 바람을 하늘에 고함으로써 자신이 한계를 지닌 인간임을 인정한다는 데 의의가 있다.

물은 끊임없이 떨어지며 스스로 부서지고 연단한다. 아무리 일반적인 사람이라도 물과 같이 매일매일 자신을 연단하며 살아간다면, 그는 반드시 자기가 일하는 분야에서 성취를 이루어낼 수 있다고 확신한다.

나는 지난 40년 가까이 거의 하루도 거르지 않고 '아침에는 희망과 계획을, 낮에는 성실과 노력을, 밤에는 반성과 기도를!'을 지켜왔다. 오늘의 성과를 이루어낼 수 있었던 첫 번째 비결이 바로 여기에 있다고 생각한다. 일어나자마자 오늘 하루에 대한 희망을 갖고 야심 찬 계획을 세우고 하루를 시작해보라. 당장 수동적이던 나의 태도가 달라진다. 하루의 삶이 달라지면 한 달이 변화할 것이고 당신의 미래가 바뀔 것이다.

3장

생로병사의 중심, 물

01

내 몸에 숨어있는 물의 비밀

나는 거의 반평생을 알칼리 이온수를 전파하기 위해 살아온 사람이다. 다양성을 추구하는 이 시대에 오직 한 길, 알칼리 이온수만 보고 걸어올 수 있었던 까닭은 그만큼 알칼리 이온수의 효과에 대한 믿음이 컸기 때문이다.

'에이, 아무리 알칼리 이온수가 몸에 좋다고 해도 그냥 물일 뿐이잖아!'라고 생각하는 사람들이 많을 줄 안다. 그래서 이제는 물 하나가 사람의 건강에 얼마나 지대한 영향을 미치는지를 이야기해보고자 한다.

마음이 답답할 때 탁 트인 바다를 보면 한꺼번에 스트레스가 날아가 버릴 정도로 기분이 상쾌해진다. 멀리 바닷가까지 가지

알칼리 이온수가 내 몸을 살렸다

않더라도 가까운 강이나 실개천의 물만 봐도 뭔가 기분이 달라지는 게 물이 가진 묘한 매력이요 신비다.

하루라도 씻지 않으면 뭔가 기분이 찜찜하고 더러운 느낌이 들게 마련인데, 깨끗한 물로 씻고 나면 이 모든 문제가 한꺼번에 해결된다. 샤워라도 할라치면 그리 개운하고 시원하며 상쾌할 수가 없다.

무엇보다 단 며칠만 물을 마시지 않아도 목숨이 위태로워질 만큼 물은 인간의 생명에도 큰 영향을 준다. 도대체 물은 무엇이기에 인간에게 이토록 절대적 영향을 주는 것일까?

인체의 수분 함량

인체의 50~70%는 물로 이루어져 있다고 한다. 언뜻 보기에 우리 몸은 튼튼한 살과 뼈로만 이루어져 있는 것 같아, 처음 이 사실을 알게 되는 사람은 다들 놀라곤 한다. 또 어떤 인체는 50%만 물로 되어있고 어떤 인체는 70%나 물로 되어있어 같은 인간끼리 왜 이리 차이가 나는 것인지 의문을 갖게 되기도 한다.

보통 여자는 남자보다 지방을 품고 있는 비율이 더 높아 인체의 수분함량은 더 낮은 것으로 알려져 있다. 여체의 수분 함량은 보통 50%대이다. 여체에 비해 지방 비율이 낮은 남체의 수분

함량은 보통 60%대이다.

홍미로운 것은 나이가 들수록 수분 함량이 점점 낮아진다는 사실이다. 노인의 인체 수분 함량은 젊을 때보다 더 낮아지는 경향이 있다. 반대로 어린아이들의 인체 수분 함량은 70%에 가깝다.

아이들의 피부가 뽀송뽀송하고 탱탱한 반면 노인들의 피부가 쭈글쭈글하고 건강하지 않아 보이는 것은 바로 수분 함량의 차이에 있는 것이다. 이러한 사실만 보아도 건강과 노화 문제에 있어 인체의 수분 함량을 유지하는 일이 얼마나 중요한지를 알 수 있다.

신체에 수분이 부족해지면 우리는 갈증을 느낀다. 이때 수분을 보충해주지 않으면 견딜 수 없는 상태가 되며, 어떻게든 물을 마셔야 비로소 정상으로 돌아오게 된다. 갈증은 지금 내가 수분이 부족하다는 몸의 신호이다.

사람은 음식을 먹지 않는다고 가정할 때 3~5일 정도 물을 마시지 못하면 생명이 위험해지는 것으로 알려져 있다. 음식의 경우 40여 일을 먹지 않아도 살 수 있지만, 물은 불과 3~5일만 마시지 않아도 생명에 지장이 오는 것이다.

의학적으로 사람은 체내 수분의 12% 정도를 잃어버리면 사망하는 것으로 알려져 있다. 보통 인체의 50~60% 정도가 물로 되어있다고 했으므로 인체의 수분함량이 이보다 더 떨어지면 생명이 위독해진다는 뜻이 된다. 도대체 인체 내에서 물은 어떤 작용을 하기에 이런 현상이 나타나게 되는 걸까?

인체 내 물의 역할

물이 있어야 하는 인체 내 첫 번째 장소는 세포 내부다. 세포는 인체를 구성하는 생명체의 최소 단위로 인체는 약 60~100조 개의 세포로 이루어진 거대한 집합체라고 할 수 있다. 세포는 세포핵과 미토콘드리아, 엽록체, 세포질로 이루어져 있는데 세포질은 세포를 채우고 있는 액체로, 주요 구성 성분이 물이다. 체내 수분의 67%는 이러한 세포액의 형태로 세포 속에 들어있다.

세포질 내의 수분은 세포가 만들어내는 노폐물과 함께 배출되는 성질을 갖고 있으므로 세포는 지속적으로 외부에서 새로운 수분을 공급받을 필요가 있다. 만약 세포에 수분이 공급되지 않아 세포질의 수분 농도가 떨어지면 세포는 제대로 된 기능을 하지 못하게 된다. 때문에 우리 몸은 세포의 기능을 유지시키기 위해서 갈증이라는 신호를 일으켜 수분을 보충하려한다.

인체 내에 물이 있는 또 하나의 장소는 세포 주위 공간이다.

세포 주위 공간이란 세포와 세포가 붙어있는 사이의 공간을 뜻한다. 이를 세포외기질이라고도 표현하는데, 세포외기질은 세포의 구조를 유지해주고, 세포 간에 긴밀한 연결을 위해 중요한 역할을 한다. 이 세포외기질에 존재하는 수분은 인체 내 수분의 25%를 차지한다.

그 외에 물이 있는 곳은 바로 혈액이다. 혈액의 주성분 역시 물이며 인체 수분의 8%가 혈액 속에 존재하고 있다. 정리하면 인체의 수분은 67%가 세포 내에 존재하고 25%가 세포 외에 존재하며 나머지 8%가 혈액으로 존재하는 것이다.

체중 70kg인 남자의 체내 수분 함량이 60%라고 가정했을 때 그의 몸속에는 약 42kg의 물이 있게 된다. 물의 부피는 1L/kg이므로 다른 말로 하면 그의 몸속에 42L의 물이 있는 셈이 된다. 이러한 물은 세포 내에 28.1L가 있고, 세포 주위의 10.5L, 그리고 혈액 내에 3.4L가 존재한다.

수분이 부족할 때 나타나는 증상

수분이 부족해지면 인체에 정확히 어떤 문제가 생길까? 일반적으로 우리는 체내 수분이 정상치보다 1%만 부족해져도 갈증을 느끼게 된다. 2%를 넘어가면 심한 갈증을 느끼게 되며 이때에도

알칼리 이온수가 내 몸을 살렸다

수분을 보충해주지 않으면 인체는 심각한 탈수 상태에 돌입하게 된다. 그러다 5% 이상 부족해지면 혼수상태에 빠진다. 그만큼 인체에서 수분이 미치는 영향은 절대적이다.

인체에 수분이 부족해지면 우선 체온조절에 문제가 생긴다. 물은 열에 천천히 반응하기에 전체의 60%가 수분으로 이뤄진 인체는 외부 온도가 높거나 낮은 환경에서도 정상 체온 36.5도를 유지하는 데 유리하다. 이런 인체에 수분이 부족해지게 되면 체온을 유지하는 데 애를 먹을 수밖에 없다. 여름에는 쉽게 체온이 오르거나 겨울에는 쉽게 체온이 내려가 건강에 치명적인 영향을 줄 수 있게 되는 것이다.

수분이 부족해지면 혈액과 세포의 대사에도 차질이 생긴다. 혈액은 80~90%가 수분으로 이루어져있기 때문에 수분이 부족해지면 혈액의 양도 부족해진다. 그러면 원활한 혈액순환에 문제를 일으킬 수 있다. 혈액순환에 문제가 생기면 세포에 영양과 산소가 제대로 공급되지 않으므로 세포까지 타격을 입게 된다. 갈증이 심각하면 어지럼증도 느끼는데 이는 뇌로 가는 혈액의 양이 줄어들어 생기는 증상이라고 볼 수 있다.

혈액순환 문제 외에도 수분 부족은 세포질의 수분 농도를 낮춰 세포 자체에 타격을 입힌다. 호흡작용, 소화작용, 대사작용을 하는 우리 몸의 모든 장기들이 세포로 이뤄져있는데 이들이 제 역할을 하지 못하게 되는 것이다. 이로 인해 호흡곤란, 소화불량 등의 증상이 나타날 수 있다.

이밖에도 수분이 부족해지면 피로, 관절통증, 변비 등 다양한 증상들이 나타날 수 있다. 이 모든 증상들이 혈액과 세포 및 세포외기질 등에 수분이 부족하게 됨으로써 나타나는 현상이다.

인체의 수분 유지 시스템

우리는 하루에도 끊임없이 물과 음식을 통하여 수분을 섭취하고 소변 및 호흡과 땀을 통하여 수분을 배출한다. 그렇다면 인체의 수분 밸런스는 어떻게 일정하게 유지될까?

의학적으로 인체의 하루 수분 배출량은 대략 2.7L라고 알려져 있다. 소변으로 1.5L를 배출하며 호흡과 땀, 대변 등으로 대략 1.2L의 수분을 배출한다고 한다. 소변으로 1.5L를 배출하는 것은 눈으로 확인이 가능하기에 느낄 수 있지만, 호흡과 땀, 대변 등으로 무려 1.2L 정도가 배출된다는 사실은 잘 모르고 있을 수 있다.

인간은 호흡할 때 공기를 들이마시어 공기 중 산소를 흡수하고 세포의 대사작용으로 생긴 노폐물인 이산화탄소와 수증기를

●

내보낸다. 이때 나오는 수증기가 곧 수분이니 인간은 24시간 호흡을 통하여 수분을 배출하고 있다고 볼 수 있다. 이러한 호흡으로 빠져나가는 수분의 양과 피부를 통하여 땀으로 빠져나가는 수분의 양, 대변에 섞여 빠져나가는 수분의 양을 합쳐 하루에 1.2L가 배출된다는 것이다.

상식적으로 볼 때 인체의 수분함량이 유지되기 위해서는 배출되는 양과 흡수되는 양이 같으면 될 것이다. 하루에 2.7L의 수분이 배출된다고 하였으므로 하루 2.7L의 수분을 흡수해야만 인체의 수분함량이 모자라지 않게 유지될 수 있다.

반면 세계보건기구WHO에서는 하루에 1.5~2L의 물을 마실 것을 권장한다. 이것은 인간이 물 외에도 하루 세 끼의 음식과 각종 음료 등 다양한 방법으로 수분을 섭취하기 때문이다. 이렇게 흡수하는 수분까지 포함해 계산했을 때 하루 1.5~2L라는 권장 물 섭취량이 나오게 된다.

다만 사람들마다 하루에 먹는 음식의 양과 종류가 다르고 음료를 섭취하는 양도 다른데 하루 1.5~2L라는 일률적 기준을 따르게 하는 것이 맞는지에 대한 의문이 생긴다. 과일의 경우 90% 이상이 물로 이루어진 것도 있다.

101

따라서 하루에 마실 물의 양은 자신이 먹는 음식과 음료를 계산해서 결정해야 한다는 주장도 있다.

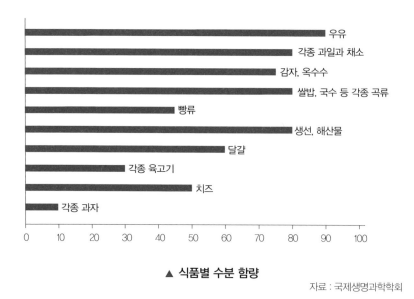

▲ 식품별 수분 함량

자료 : 국제생명과학학회

위 자료는 식품별 수분함량을 보여준다. 자료를 참고하면 자신이 하루에 음식을 통하여 섭취하는 수분의 양을 측정할 수 있을 것이다.

알칼리 이온수가 내 몸을 살렸다

소화기관이 흡수하는 수분의 양

우리가 입으로 마신 물의 약 80%는 소장에서 흡수되고 약 20%는 대장에서 흡수되는 것으로 알려져있다. 입과 위, 식도에서도 물이 흡수되지만 그 양은 미미하다.

놀라운 것은 수분의 흡수 속도다. 다른 영양소는 소화하고 흡수하는 데 많은 시간이 걸리는 반면 수분의 흡수 속도는 매우 빠르다. 물을 마실 경우 약 30초 만에 일부 흡수된 수분이 혈액으로 가며, 1분이 지나면 뇌와 생식기까지 이동한다. 피부에까지 도달하는 데는 10분이 걸리며, 온몸 끝까지 도는 데에는 40여 분밖에 걸리지 않는다고 한다.

우리가 하루에 마시는 물의 양이 2L라고 하여 인체의 소화기관에 도달하는 수분의 양이 2L인 것은 아니다. 물과 음식물을 통해 섭취한 수분 외에 체내에서 분비된 침과 위액, 췌액담즙, 이자액, 장액 등에 있는 수분도 소화기관에서 흡수된다.

이렇게 되면 소화기관에서 흡수해야 하는 전체 수분의 양은 하루에 9L에 달하게 된다. 하루에 분비되는 침의 양만 1.5L, 위액의 양이 2L, 담즙의 양이 0.5L, 이자액의 양이 1.5L, 장액의 양이 1.5L이므로 이 모든 수분의 양을 합하면 무려 9L나 되는 것이다.

●

수분의 배출 과정

그렇다면 인체에 흡수된 수분은 어떤 과정을 거쳐 배출될까? 앞에서 물이 인체에 미치는 영향 중 여러 가지를 이야기했는데, 그중 하나로 청소 기능이 있다. 이것은 마치 우리가 매일 몸을 씻어 피부의 노폐물을 닦아내는 것과 비슷한데, 우리 몸속에서도 수분을 통해 세포의 노폐물을 청소하는 과정이 일어나고 있는 것이다.

물의 세정 작용은 우리가 물을 마시면서부터 시작된다. 먼저 입으로 들어온 물은 입과 식도에 득실거리는 세균들을 끌고 위로 내려가게 된다. 위에 도착한 물은 위산을 통해 살균 과정을 거치게 된다.

이후 소장과 대장에서 흡수된 물은 혈액을 통하여 각 세포로 전해진다. 세포는 에너지를 만들어내는 대사를 일으킬 때마다 각종 노폐물을 만들어내는데, 세포로 들어간 물은 이 노폐물을 품고 다시 세포 밖으로 나온다. 이렇게 배출된 물은 신장으로 흘러간 후 소변을 통하여 몸 밖으로 배출된다.

이러한 물의 배출과정에서 간과 신장이 하는 역할을 주목해볼 필요가 있다. 간의 기능은 쉽게 말해 '몸에 필요한 것과 필요 없는 것을 정리하는 역할'이라고 생각하면 된다. 간은 소화를 통하여 인체에 흡수된 물질 중 몸에 필요한 것은 필요한 각 기관에 보낸다. 반대로 필요 없는 것은 따로 걸러내어 소화관으로 보내어 대변으로 배출되도록 하거나 물에 녹인 형태로 혈관을 통하여 신장으로 보내어 소변으로 배출되도록 한다.

신장은 혈관을 통해 들어온 노폐물과 인체에 불필요한 물질을 걸러내어 소변으로 배출되도록 하는 작용을 한다. 우리 몸은 이러한 노폐물을 인체 밖으로 잘 배출할 때 몸에 독소가 쌓이지 않고 건강하게 생활할 수 있다. 이를 위해 몸속의 노폐물을 청소하는 깨끗한 물을 잘 섭취하는 것이 얼마나 중요한 일인지 알 수 있다.

섭취한 수분의 대부분이 소장에서 흡수되고 남은 수분이 대장에서 흡수되면 대장에 쌓이는 변이 점점 굳어져간다. 정상적으로 배설된 대변에는 약 100mL의 수분이 포함되어 있다. 이른바 '바나나똥'이라 불리는 건강한 변의 조건이다.

이와 달리 설사나 무른 변이 나오는 것은 소장과 대장이 수분을 제대로 흡수하지 않아 생기는 현상이라고 할 수 있다. 우리 몸은 소장과 대장의 물 오염도가 심각할 때 수분 흡수량을 제한한다. 반대로 수분이 과다하게 흡수되어 대장으로 넘어온 수분의 양이 부족해지면 딱딱한 변이 되어 변비가 발생한다.

105

수분이 부족하면 병이 생긴다

체지방에 따른 수분함량 차이

인체의 수분함량은 성별과 연령에 따라서도 차이가 나지만 체중에 따라서도 차이가 난다. 예를 들어 같은 연령대의 남자라도 마른 사람과 비만인 사람의 수분함량은 생각보다 큰 차이가 난다. 마른 사람의 수분함량은 65~70%인 반면 비만인 사람의 수분함량은 50~55%까지 나타나기도 한다. 체지방을 어느 정도 갖고 있는지에 따라 무려 15% 정도의 차이가 나는 것이다.

비만인 사람의 수분함량이 이처럼 낮게 나타나는 까닭은 지방세포의 수분함량이 매우 적기 때문이다. 어느 정도냐면 단단하고 무기질 함유량이 많은 뼈세포보다 수분함량이 적다고 한다.

지방세포 내에 수분함량이 매우 적다는 것은 지방 조직에서 물을 통한 세포 청소 작용이 원활히 일어나지 않는다는 것을 의미한다. 때문에 지방 조직에서는 염증물질이 만들어지기 쉽다.

비만은 다양한 연구에서 거의 질병의 하나로 분류될 만큼 건강에 악영향을 미친다는 사실이 밝혀지기도 했다. 이는 지방세포의 낮은 수분 함량에서 발생하는 염증 과다와 무관하지 않다.

수분함량 판별 방법

그렇다면 현재 자기 몸의 수분함량을 체크하려면 어떡해야 할까? 첫 번째로 인바디 검사를 통하여 자신의 체수분 함량을 체크해보는 방법이 있다. 지역 보건소나 건강검진을 해주는 병원에서 할 수 있다.

인바디 검사 결과로 나오는 체수분 수치는 몸속의 각 조직, 혈액, 뼈 등 체내 모든 곳에 존재하는 수분의 양을 의미한다. 체수분 수치가 자신의 연령대, 성별에 따른 평균 수분함량 수치보다 낮게 나온다면 자신이 수분 부족 상태는 아닌지 의심해볼 필요가 있다.

만약 자신이 비만하다면 평균 수치보다 좀더 낮게 나오는 게 정상 수분함량이 된다. 반대로 운동을 많이 하여 근육량이 많은 사람이라면 체수분 함량이 더욱 높게 나와야 한다. 만약 자신이 근육량이 많은 체질인데 체수분 함량은 연령대, 성별에 따른 평균 수분함량과 비슷하게 나왔다면 그 또한 수분 부족을 의심해 볼 수 있다.

두 번째로 자신의 소변 색깔을 통하여 수분함량을 체크해보는 방법이 있다. 만약 수분이 부족한 상황이라면 소변 색깔이 진한 노란색을 띠게 된다. 이때에는 빨리 수분을 보충해주는 것이 좋다.

수분함량이 정상이라면 소변 색깔은 연한 노란색을 띠게 된다. 하지만 소변이 물색처럼 지나치게 투명하게 나오는 상황이 반복된다면 이는 수분이 과다인 상태이므로 수분 섭취를 제한하는 것이 필요하다.

계속 수분이 부족한 상태 – 만성탈수증

매일 밥을 챙겨먹듯 매일 물을 챙겨 마셔야 한다. 그러나 실상은 물을 계산해가며 챙겨먹는 사람이 거의 없다. 대부분은 그때그 때 갈증이 나면 마시는 식인데 어떤 이는 갈증을 느끼는 감각이 너무 예민하여 지나치게 물을 많이 마시기도 하고 어떤 이는 갈

알칼리 이온수가 내 몸을 살렸다

증을 느끼는 감각이 둔감하여 물을 필요한 양보다 적게 마시기도 한다. 대부분의 사람들은 나이가 들수록 갈증을 느끼는 감각이 둔해지거나 갈증을 참는 게 습관이 되어 물을 적게 마시고 살아가게 된다.

그래서 잘 나타나는 증상이 바로 만성탈수증이다. 특별한 질환이 있는 것도 아닌데 만성 피로에 시달리고 있다면 만성탈수증을 의심해볼 수 있다. 만성탈수증의 증상으로는 피로 외에도 불면증, 소화불량, 변비 등이 있다.

만성탈수증은 몸의 수분이 정상 대비 2% 이상 부족한 상태가 장기간 지속될 때 나타난다. 수분이 부족했다면 처음에는 갈증 등의 증상이 먼저 나타났을 것이다. 그러나 이를 무시하고 지나친 결과 만성탈수증으로 발전했을 가능성이 있다.

현대인의 기호 습관이 만성탈수증을 불러오기도 한다. 요즘 길을 가다보면 너나 할 것 없이 커피를 들고 다닌다. 그야말로 커피 광풍의 시대다. 그런데 커피에 들어있는 카페인은 이뇨작용을 촉진하는 성질이 있다.

이뇨작용이란 소변이 잘 나오도록 돕는 작용을 뜻한다. 소변이 잘 나오는 것까지는 좋은데 문제는 커피 100ml를 마실 경우 200ml의 소변이 나온다는 데 있다. 즉 마신 물의 양보다 더 많은 소변이 배출되므로 커피를 마시고 추가적인 수분을 보충해주지 않으면 탈수증에 걸리게 된다.

이런 현상은 비단 커피뿐만 아니라 녹차, 홍차, 콜라 등 시중에 팔고 있는 대부분의 음료를 마실 때도 일어난다. 특히 술에 들어있는 알코올도 이뇨작용이 심하므로 조심하는 것이 좋다. 따라서 커피와 같은 음료를 마시면 반드시 그에 상응한 수분을 보충해주어야 한다.

만약 자신에게 특별한 질환이 없는데도 만성피로가 느껴진다든가, 주변으로부터 피부가 푸석푸석해졌다는 얘기를 듣는다든가, 소화가 잘 안 된다든가, 변비가 있다든가, 소변의 양이 적다면 만성탈수증을 의심해볼 필요가 있다.

만성탈수증이라 판단된다면 일단 열심히 물을 마셔야 한다. 세계보건기구에서 권하는 하루 물 섭취량인 2L 정도는 마셔야 한다. 당연히 아무 물이나 마시는 것보다는 좋은 물을 마시는 게 좋을 것이다.

생명의 근원이 되는 물의 과학

모든 생명체는 물을 통해 대사를 진행한다. 과연 물에는 어떤 비밀이 숨어있기에 생명의 근원이 되는 귀하고도 특별한 역할을 수행하게 된 걸까?

전기적 성질을 띠는 물 분자의 구조

먼저 물의 과학에 대해 살펴보기로 하자. 근대 전까지 물은 단지 생명의 대상이요 신비의 대상일 뿐이었다. 이후 과학이 발전하면서 물의 정체에 대한 베일이 하나둘 벗겨지기 시작했다.

근대인들은 모든 물질이 원자들의 결합으로 이루어져있다는 가설을 내리고 물은 과연 어떤 분자구조로 이루어져있을지 연구하기 시작했다. 그 결과 1771년 영국의 과학자 헨리 캐번디시Henry Cavendish에 의해 물은 수소 원자 2개와 산소 원자 1개로 결합되어있음이 밝혀졌다.

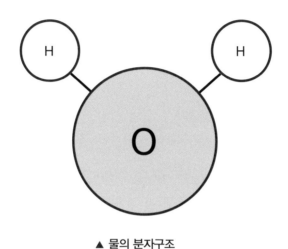

▲ 물의 분자구조

위 그림은 산소 원자와 수소 원자로 이뤄진 물의 분자구조를 보여준다. 가운데 있는 큰 원이 산소 원자O이고 주변에 붙어있는 두 개의 작은 원이 수소 원자H이다. 그렇다면 산소 원자와 수소 원자가 위와 같은 식으로 결합하는 이유는 무엇일까? 그것은 각 원자들이 자신이 안정될 수 있는 전자의 개수를 확보하고자 하기 때문이다.

원자의 구조는 플러스+ 전기를 띠는 원자핵이 중심에 위치해 있고 그 주위에 마이너스- 전기를 띠는 전자들이 배치된 형태로 구성되어있다. 이러한 원자들이 서로 결합하여 분자구조를 만들 때는 원자핵은 개별적으로 존재하지만 전자는 함께 공유하게 된다.

일반적으로 산소는 원자핵 외곽에 6개의 전자를 보유하고 있지만 8개의 전자를 보유해야 안정된다. 수소는 원자핵 외곽에 1개의 전자를 보유하고 있지만 2개의 전자를 보유해야 안정된다. 이때 산소 원자를 중심으로 두 개의 수소 원자가 결합하면 각 원자핵의 외각에 자신들이 안정될 수 있는 전자의 개수가 확보된다.

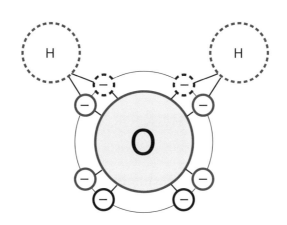

▲ 물 분자의 전자 분포

위 그림은 물 분자의 전자들이 어떤 형태로 분포되어있는지를 보여준다. 전자들은 산소 원자 주변에 배치되어있는 모양새다. 수소 원자 두 개는 각각 산소 원자와 전자를 한 개씩 공유하며 붙어있다. 각 전자가 어떤 원자에서 유래되었는지는 직선과 점선으로 표기되어있다.

이러한 구조를 형성하면 산소 원자와 수소 원자 모두 원자핵 외곽에 자신들이 안정되는 데 필요한 전자 개수를 확보할 수 있다. 때문에 산소 원자와 수소 원자는 서로를 끌어들여 물 분자가 되는 것이다.

다만 산소 원자와 붙어있지 않은 수소 원자의 돌출 면은 플러스 전극을 띠는 원자핵이 노출되어있는 것을 볼 수 있다. 또 산소 원자의 사방면 중 수소 원자와 결합되어있지 않은 방면은 마이너스 전극을 띠는 전자가 노출되어있다. 이로 인해 물 분자는 수소 원자 돌출 면에서는 플러스 전기를 띠고 산소 원자 돌출 면에서는 마이너스 전기를 띠는 '극성분자'의 성질을 갖는다.

극성분자에서 비롯된 물의 역할

이처럼 물 분자가 방향에 따라 플러스와 마이너스 두 개의 전기를 갖고 있는 것은, 물의 성질을 이해할 때 매우 중요하다. 만약

알칼리 이온수가 내 몸을 살렸다

물 분자가 극성분자의 성질을 띠지 않는다면 인간에게 있어 물은 전혀 유효하지 않은 물질이 되고 만다.

우리는 몸이 더러워질 때 물로 몸을 씻는다. 이때 물이 몸에 붙어있는 불순물을 녹여낼 수 있는 것은 물이 플러스와 마이너스 전기를 갖고 있기 때문이다. 이것을 물의 용해성이라 하는데, 물이 몸의 불순물뿐만 아니라 다른 모든 물질을 녹일 수 있는 것은 이러한 성질에서 기인한다.

또한 물은 다른 물질에 비해 열용량비열이 높아 가열할 때 온도가 천천히 오르고, 냉각할 때 온도가 빨리 식지 않는 특징이 있다. 예를 들어 무더운 여름철 바닷가 모래는 뜨거우나 상대적으로 물속은 시원하다. 이러한 물의 특징 또한 극성분자의 성질에서 기인한다고 할 수 있다.

물의 이러한 특징은 인간이 생명을 유지하는 데 있어서도 긴요하게 작용한다. 인체가 제 기능을 유지하기 위해서는 체온을 일정하게 유지할 필요가 있다. 그런데 쉽게 온도가 바뀌지 않는 물이 인체의 70%를 구성하니 체온을 유지하기가 쉬워지는 것이다.

물은 수많은 물 분자의 집합으로 이루어져 있는데, 이때 각 분자들은 서로 반대 전하끼리 맞물리는 형태로 배열하게 된다. 플러스 전기는 마이너스 전기와 서로 끌어당기는 성질이 있기 때문이다.

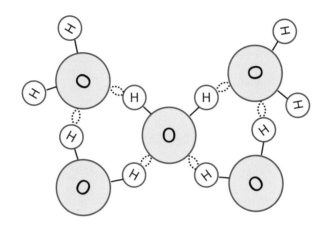

▲ 물 분자끼리의 배열 형태

위 그림은 전기적 성질을 지닌 물 분자들이 배열되는 형태를 보여준다. 플러스 전기를 띠는 수소 원자 돌출 면은 마이너스 전기를 띠는 산소 원자 돌출 면과 맞닿아있다. 이를 통해 우리는 물 분자끼리도 서로 상호작용을 하고 있다는 사실을 알 수 있다.

물 분자들은 이와 같이 이웃하는 물 분자들과 전기적 힘으로 강하게 붙들려 있기 때문에 열이 가해져도 빠르게 온도가 올라가지 않는 것이다. 물 분자들의 온도를 올리기 위해서는 이웃하

는 물 분자와의 전기적 결합_{점선으로 된 부분}을 열에너지로 깨뜨려
야 하기 때문이다.

　물은 이러한 전기적 성질을 지니고 있기에 생물이 살아가기
에 적합한 지구 환경을 이루고 있으며, 인간이 살아갈 수 있도록
하는 핵심적 역할을 하고 있다.

변화하는 물 소비 트렌드

이처럼 물의 중요성을 알게 되었다면 이제 어떤 물을 마실 건가가 중요한 문제로 다가오게 된다. 물과 관련하여 물을 많이 마셔야 건강에 좋다느니, 반대로 적당히 마셔야 한다느니 하는 소문들이 무성히 나돌고 있다. 산에서 나는 물은 '약수'라 부를 정도로 몸에 좋다고 여겨지기도 한다.

또한 산업의 발달과 함께 물의 오염 문제가 대두하면서 각 가정마다 정수기 보급이 일반화되어있는 상황이다. 근래에는 웰빙 바람이 불면서 단지 정수기 차원을 넘어 몸에 좋은 물을 마시려는 노력이 절실해지고 있다.

사실 생존의 상황에서라면 물은 가릴 수 있는 대상이 아닐 것이다. 언젠가 TV에서 아프리카의 어느 부족이 흙탕물을 마시는 것을 본 적이 있다. 그들에게는 물이 너무나 귀하기에 그 물이라도 마실 수밖에 없었을 것이다.

그들은 당장 물을 마셔 생존은 할 수 있었겠으나 이후 그 물로 인하여 질병이 찾아오고 몸이 약해질 것이다. 그것을 생각하면 가슴 한편이 찡하지 않을 수 없다.

정수기와 생수를 통한 물 소비

우리나라도 아프리카의 그 부족과 비슷한 상황에 처한 시절이 있었다. 해방 이후 우리나라는 세계에서 가장 못사는 나라 중 하나였다. 그때 물이라곤 강물과 땅을 파서 기어 올린 우물물이 다였다. 도시가 형성된 이후 수돗물이 공급되었으나 턱없이 부족해 대부분의 서민들은 품질 검사가 되지도 않은 물을 길어다 쓰기 바빴다.

그렇게 한강의 기적이 일어나 우리가 살만해졌을 때에야 각 가정마다 수돗물이 공급되기에 이르렀다. 그런데 또 경제발전으로 인해 강물이 워낙 오염되다보니 수돗물을 믿지 못하는 상황이 되었다.

이때 나타난 열풍의 주인공이 정수기였다. 수돗물이 더러워

●

119

도 정수기를 통과하면 깨끗한 물이 된다는 미명하에 각 가정마다 사무실마다 식당마다 정수기가 설치되기에 이르렀다.

그러다 정수기마저 믿을 수 없다며 생수를 사 먹는 사람들도 생기게 되었다. 사람들이 정수기에서 믿을 수 없다고 생각하는 부분은 필터와 관련된 문제였다. 정수기는 수돗물을 다시 한 번 더 필터로 걸러내어 깨끗한 물로 만드는 원리로 작동한다. 이때 수돗물의 소독작용을 하는 염소까지 걸러내므로 세균이 생길 수 있다는 염려 때문이었다. 또 물에 들어있는 몸에 좋은 미네랄까지 모두 걸러내는 것 아니냐는 의심의 눈초리를 받기도 했다.

정수기에 대한 의심의 눈초리를 지우지 못한 소비자들은 결국 생수 쪽으로 눈을 돌리게 되었다. 덕분에 생수 시장 역시 폭발적으로 증가하게 되었다. 과거에는 물을 돈 주고 사 먹는다는 개념 자체가 없었는데 이제는 물을 한병 한병 사 먹는 시대가 도래한 것이다.

그러나 생수 역시 안전하지 않다는 사실이 알려지면서 문제가 생기게 되었다. 이건 생수 자체의 문제가 아니라 생수를 담은 페트병의 문제였다. 페트병은 플라스틱으로 만들어지게 마련인데 이때 플리스틱 병에 미세 플라스틱이 많다는 사실이 밝혀지

알칼리 이온수가 내 몸을 살렸다

면서 충격을 주었다. 이건 비단 생수만의 문제가 아니라 마트에서 파는 모든 플라스틱 병에 든 음료의 문제이기도 했다.

이제 정수기도 믿지 못하고 생수도 믿지 못하는 사람들이 생겼다. 그들은 도대체 어디에서 물을 구해다 먹어야 할까? 사람들은 이 질문에 대한 해답을 찾지 못한 채 오늘도 좋은 물 찾아 삼만리를 떠나고 있는 형국이다.

가장 안전하고 건강한 물!

그렇다면 어떤 물이 가장 안전한 물일까? 여기서 말하는 '안전한 물'이란 개념에는 당연히 건강에도 좋은 물이란 개념이 포함되어야 할 것이다. 이런 기준으로 볼 때 현재 우리가 마실 수 있는 물 중 수돗물이 가장 안전하다는 주장이 있어 흥미롭다.

이런 주장은 과거 제7차 물포럼 킥오프회의에서 나왔다. 현재 우리가 접할 수 있는 물에는 수돗물, 정수기 물, 생수, 약수 등이 있을 것이다. 물포럼에서는 이러한 물들 중 오히려 수돗물이 가장 안전한 물이라 역설했다.

그들의 주장을 들어보면 일면 타당한 면도 있다. 먼저 수질 검사 결과를 해볼 때 수돗물이 가장 안전하다고 나왔다. 이는 수돗물에 잔류 염소가 있어 유해 세균이 아예 번식할 수 없게 하기 때문이다. 또한 수돗물에는 인체에 유익한 광물질인 칼슘, 마그네슘, 칼륨 등이 생수나 약수에 비해 떨어지지 않는 것으로 나타났다. 오히려 높게 나타나는 부분도 있었다.

이러한 발표에 힘입어 한때 서울시는 '아리수'가 정수기나 생수보다 안전하다며 홍보를 하기도 했다. 아리수는 서울시 수돗물의 공식 브랜드명이다.

서울시는 아리수 자체가 이미 정수기의 정화 방법으로 불순물과 세균을 충분히 제거한 물이므로 안전하다고 주장했다. 게다가 아리수는 수도관을 통하여 각 가정으로 공급되기 때문에 미세 플라스틱의 문제도 없다고 주장했다.

하지만 아리수를 비롯한 수돗물이 아무리 안전하다 하더라도 수도관의 청결 문제를 100% 장담할 수 있느냐는 부분에서 걸리는 것은 어쩔 수 없다. 각 가정에는 노후화된 수도관도 얼마든지 있을 수 있기에 소비자들의 불안을 완전히 잠재울 수 없는 문제가 남아있는 것이다.

물포럼에서는 수돗물을 안전한 물로 규정한 한 가지 이유를 더 내세우기도 했다. 바로 물의 산성과 알칼리성 정도에 대한 연구였다. 이들의 연구결과에 의하면 수돗물은 중성에 가까운 결과가 나왔으나 나머지 정수기, 약수, 생수 등은 산성에 가까운 결과가 나왔다.

그들의 기준대로라면 산성보다는 중성에 가까운 물이 좋다. 그렇다면 중성에 가까운 물보다는 알칼리성에 가까운 물이 몸에 더 좋다는 결론을 내리지 않을 수 있을까? 물의 안전성을 판가름할 때는 물이 알칼리성을 띠는지도 중요한 척도가 아닐 수 없다.

안전하고 건강한 물은 일단 유해 세균과 미세플라스틱이 없는 물이어야 한다. 다음으로 칼슘, 마그네슘, 칼륨 등 몸에 유익한 미네랄의 함량이 높아야 한다. 이러한 미네랄의 함량이 높을수록 물의 산도는 알칼리성에 더 가까워지게 된다. 이러한 물을 마시게 될 때 우리는 더욱 건강한 몸을 유지할 수 있게 된다.

3장 생로병사의 중심, 물

환경오염으로 더러워진 물

어떤 물을 마실지가 정말 중요한 시대로 다가오고 있다. 그런데 생각보다 우리 주변의 물은 각종 위험 물질에 오염되어있다. 이 사실을 알면 정말 먹을 만한 물이 없다는 사실을 깨닫게 된다.

　도시에 사는 사람들은 대개 '강물'을 정수하여 만든 수돗물을 마시게 된다. 이를 끓여 먹든, 정수하여 먹든 하는 식이다. 수돗물을 믿지 못하는 사람들은 생수를 사 먹게 되는데 이 생수 또한 자연의 '지하수'를 채취하는 방식으로 얻는다. 그렇다면 이러한 강물이나 지하수 등은 어디로부터 오는 것일까?

　먼저 자연계에서 물이 순환하는 메커니즘을 살펴보자. 자연계의 물은 강물이든 바닷물이든 모두 증발의 과정을 거친다. 이

알칼리 이온수가 내 몸을 살렸다

때 물은 모든 오염으로부터 해방되어 깨끗한 상태가 된다. 증발한 물은 수증기 형태로 하늘로 올라가다가 찬 공기를 만나 응결해 구름을 만든다.

이러한 구름이 모이고 모여 응집되면 무거워져서 더 이상 지탱하지 못하고 물방울로 떨어지게 되는데 이것이 바로 비이다. 이때 비는 대기 중의 공기와 접촉하면서 공기 중의 물질을 흡수하게 된다.

그렇게 내린 비가 땅으로 스며들면 지하수가 생긴다. 이러한 지하수는 땅 아래의 물길을 통과하며 토양에 있는 물질을 흡수하게 된다. 이후 지표면으로 올라온 물은 냇물을 이루고 냇물이 모여 강물을 이룬다.

인간은 이러한 흐름 속에 있는 지하수와 강물을 식수로 이용하여 살아가고 있는 것이다.

대기오염으로 인한 물의 오염

과거에는 대기오염이란 말 자체가 없었다. 그러나 화석연료에 기반한 산업혁명이 일어나면서 생산공정에서 생기는 각종 매연은 대기를 오염시켰다. 문제는 이러한 대기오염이 단지 공기만 오염시키지 않는다는 데 있다.

대기를 오염시킨 공기는 빗물에 녹아내리면서 산성비를 만들게 되었다. 산성비란 화석연료를 태울 때 발생하는 대기오염물질 중 이산화탄소, 이산화황, 이산화질소 등이 빗물에 녹으면서 생긴 산성도가 매우 높은 비를 뜻한다.

이산화탄소는 물과 만나면 탄산이 되고 이산화황은 물과 만나면 황산이 되고 이산화질소는 물과 만나면 질산이 된다. 이 과정을 식으로 나타내면 다음과 같다.

이산화탄소 빗물 결합

이산화탄소(CO_2) + 빗물(H_2O) → 탄산(H_2CO_3)

이산화황 빗물 결합

이산화황(SO_2) + 빗물(H_2O) → 황산(H_2SO_4)

이산화질소 빗물 결합

이산화질소(NO_2) + 빗물(H_2O) → 질산(HNO_3)

이 중에서 탄산은 약한 산에 속하지만, 황산과 질산 등은 강

알칼리 이온수가 내 몸을 살렸다

한 산에 속한다. 황산은 이미 대중적으로도 많이 알려져 있는 강한 산으로 그 위력은 금속을 녹여버릴 정도다. 질산은 황산에 비해 덜 알려져 있지만, 일본과 중국 등에서는 초산가리로 불리는 강한 산으로 알려져있다. 과거 김영삼 대통령 초산가리 테러사건이 있었는데 이때 사용된 초산가리가 바로 질산이다.

이러한 강한 산들이 공기 중에서 빗물에 섞이게 되면 빗물의 산성도가 높아지게 되는데, 이렇게 형성된 비는 pH5.6 이하의 산성비로 변하게 된다. pH는 물질의 산성과 알칼리성을 나타내는 수치로 물질의 산성이 강할수록 pH 수치는 7 이하로 낮아지고 물질의 알칼리성 수치가 강할수록 pH 수치는 7 이상으로 높아진다.

pH5.6이라면 그렇게 강한 산성은 아니지만 문제는 노출되는 시간에 있다. 이러한 물에 오래 노출되면 대리석도 부식될 정도의 영향을 끼치게 된다. 뿐만 아니라 산성비를 오래 맞은 식물의 잎도 황갈색으로 변하게 함으로써 손상을 끼치게 된다. 산성비는 또한 토양 속의 미네랄 성분을 녹여냄으로써 식물의 영양공급에도 나쁜 영향을 끼치게 된다.

자동차가 비를 맞고 나면 먼짓가루가 뿌옇게 남는 현상이 생기는 것도 쉽게 볼 수 있다. 이는 빗물이 산성 성분뿐 아니라 각종 미세먼지에도 오염되어있다는 것을 보여준다. 빗물이 공기 중의 미세먼지나 먼지를 품게 됨으로써 일어나는 일들이다.

토양오염으로 인한 물의 오염

물의 오염은 비단 대기오염으로만 일어나지 않는다. 토양오염으로 인한 물의 오염 역시 심각한 상태이다. 하늘에서 오염된 빗물이 내리면 고스란히 지하수로 흘러들어가게 된다. 지하수로 흘러들어온 물은 토양에 있는 각종 물질과 섞이게 된다.

토양에서 물을 오염시키는 물질 중 대표적인 것이 바로 농약이다. 토양의 작물을 대량으로 생산하기 시작하면서부터 인간은 농약을 사용하게 되었다. 농사를 조금이라도 지어본 사람은 알겠지만, 사실상 농약 없이 대규모로 농사를 짓기란 거의 불가능하다.

작물을 키우면 반드시 따라오는 것이 병충해다. 만약 소규모로 농사를 짓는다면 일일이 손으로 잡거나 민간요법 등을 통하여 병충해를 해결할 수도 있겠으나, 조금만 규모가 커지면 수작업으로 병충해 문제를 해결하는 것은 쉽지 않다. 이 때문에 결국 농약에 의존하게 되는데, 상업적으로 농사를 짓는 사람들은 대

알칼리 이온수가 내 몸을 살렸다

부분 상당한 양의 농약을 사용하게 된다.

이때 사용하는 농약은 고스란히 물에 녹아 지하수로 흘러 들어가거나 냇물에 섞이게 되므로 물을 오염시키게 된다. 특히 농약은 여간해서 분해가 되지 않기 때문에 먹이사슬에 따라 생명체를 통해 농축되는 문제도 나타난다. 예를 들어 초식동물이 농약에 오염된 물을 마시게 되면 그 초식동물을 육식동물이 먹음으로써 잔류농약이 전달되는 식이다. 결국 이러한 식물과 동물의 최종 먹이사슬은 인간이므로 우리에게까지 농약의 피해가 전달될 수밖에 없다.

한편 토양오염은 각종 산업시설에서 내보내는 산업폐수에 포함된 중금속, 난분해성 물질, 독성물질에 의해서도 일어나고 있는 상황이다. 도시에서 버리는 폐기물은 매립지에 묻어서 처리되는데 이때 폐기물을 처리하는 과정에서 액체 상태로 배출되는 오염물질을 '침출수'라고 한다.

침출수에는 각종 독성물질과 휘발성 유기화합물이 함유되어 있어 별도 처리하지 않을 경우 주변 토양 및 지하수에 심각한 영향을 끼칠 수밖에 없다. 이외에도 폐광산에서 나오는 폐수, 각종 산업시설에 나오는 폐수 및 원자력발전소에서 나오는 핵폐기물도 수질오염을 일으키는 원인이 될 수 있으므로 조심해야 한다.

이렇게 토양으로 흘러나와 오염을 일으키는 물질들은 고스란히 빗물에 녹아 지하수로 흘러 들어가게 되며 강물과 바닷물로 전해지므로 물만 오염시키는 게 아니라 우리의 먹거리인 각종 식물과 동물, 심지어 바다생물까지 모두 오염시키게 된다.

이렇게 온통 오염된 자연의 먹거리들은 최종적으로 인간이 먹게 되므로 결국 우리가 피해를 입게 되는 구조임을 알아야 한다. 따라서 우리는 오염된 먹거리에 조심할 뿐만 아니라 특히 오염된 물을 먹지 않기 위해 노력해야 한다.

몸속의 오염된 물을 배출하라

최첨단을 걷는 현대의학 기술은 인간이 걸릴 수 있는 대부분의
질병을 치료할 수 있는 경지까지 발전했다. 하지만 애초에 질병
이 왜 발생하는지에 대해서는 몇몇 바이러스성 질병을 제외하고
는 오리무중인 상태다.

　어떤 의학자는 '의학의 아버지' 히포크라테스가 유언으로 남
긴 "모든 질병은 뼈에서 비롯되니 뼈를 연구하여 질병을 고치는
의술을 개발하라"는 말에 주목하여 뼈 치료에 집중하는 모습을
보이기도 한다. 그러나 이러한 주장은 주류 학계에서는 인정받
지 못하고 있는 상태다.

　또 어떤 의학자는 모든 질병의 원인을 스트레스로 들기도 한
다. 정신적 스트레스가 몸에 영향을 미쳐 몸이 망가지고 질병이

찾아온다는 주장이다. 이것은 일면 타당성이 있긴 하지만 모든 질병이 스트레스 때문이라는 주장은 조금 과해 보이기도 한다.

모든 질병은 태생적으로 그 질병에 걸리게끔 유전자에 새겨져있다는 주장도 있다. 우리가 살면서 언제 어떤 질병에 걸릴지가 우리의 유전자에 기록되어 있다는 의미다. 이러한 주장은 현재까지 나온 질병의 원인에 대한 주장 중 가장 진보된 연구의 결과라고 할 수 있다.

이러한 연구의 중심에 있는 것이 '인간 게놈프로젝트'다. 세계 18개국의 연구진이 참여하여 이뤄진 인간 게놈프로젝트 사업의 목표는 인간의 DNA에 있는 30억 개 염기서열을 분석하여 인간의 모든 유전자 구조를 규명하는 일이었다. 아직도 진행되고 있는 일이긴 하지만, 이를 통하여 인간의 질병이 유전자에 좌우된다는 사실을 알아낸 것은 매우 중요한 발견이라 하지 않을 수 없다.

모든 질병은 물의 오염에서 기인한다

위에서 살펴본 것 외에도 질병에 걸리는 원인으로 지목되는 요인에는 여러 가지가 있다. 나는 그중에서도 질병이 '체내 물의 오염'에서 비롯된다는 주장에 주목한다. 내게 이러한 주장의 학술적 근거를 제시한 것은 일본의 물 건강 분야 전문가인 하야시 히데미츠 박사가 쓴 저서 『물과 우리생활』이었다.

하야시 박사는 인간이 걸리는 모든 질병이 몸속의 오염된 물에 기인한다는 주장을 펼쳤다. 그는 이와 같은 주장을 '제7회 국제환경의학심포지엄'에서 발표하였는데 그 내용을 간추리면 다음과 같다.

모든 생물의 최소 단위는 세포이다. 이러한 세포는 끊임없이 생성과 소멸을 반복하고 있다. 세포는 시간이 지나면서 여러 요인으로 인해 비정상 상태가 될 수 있으나, 그러한 세포는 소멸되고 새로운 세포가 생성됨으로써 정상적인 상태가 유지된다. 비정상 상태의 세포 또한 그냥 소멸되는 것이 아닌 가능한 정상적인 상태를 유지하려고 노력하게 된다.

이러한 세포의 작용을 조절하는 중심이 바로 유전자이다. 유전자에 의해 세포가 새롭게 생기기도 하고 죽기도 한다. 이러한 유전자가 일으키는 모든 작용을 '유전자 대사'라고 하는데, 유전자 대사는 세포 내의 물에 의해 지배되고 있다.

세포 내 물이 정상적 상태라면 유전자 대사도 정상적으로 일어나 인체도 건강하게 된다. 반면 세포 내 물이 오염되어 비정상적 상태에 빠지면 유전자 대사에도 이상이 생겨 질병을 일으키게 된다.

따라서 질병이 생기는 이유는 유전자가 비정상적으로 작동하게 만드는 '세포 내 물'에 있다고 해도 과언이 아니다. 그러므로 질병이 생기는 이유는 결국 체내 물의 오염 때문이라고 할 수 있다. 이 과정을 도표로 나타내면 다음과 같다.

세포 내 물의 오염 → 유전자 변형 → 세포의 변질 → 인체의 질병

하야시 박사의 주장대로라면 이제 질병을 치료하는 것은 어느 정도 답에 접근할 수 있게 된다. 세포 내 물의 오염이 원인이므로 오염된 물을 정화시켜주면 되는 것이다.

자연치유 또한 깨끗한 물이 있어야 가능하다

놀랍게도 인체는 세포 재생을 통한 자연치유의 능력을 가지고 있다. 예를 들어 피부가 칼에 베였을 때 상처가 나지만 시간이 지나면 새살이 돋고 결국 낫게 된다. 이러한 현상은 암과 같은

난치성 질환 부위에도 나타나기 마련이다. 이는 인체의 새로운 세포가 끊임없이 재생하고 있기에 나타나는 현상이다.

췌장 세포는 하루만 지나도 새로운 재생세포로 교환이 된다. 위의 점막에 있는 상피세포는 2~3일이면 새로운 세포들로 교환된다. 혈액의 적혈구나 백혈구는 10일마다 새로운 세포로 교환된다. 뇌 세포의 경우에도 한 달이 지나기 전에 새로운 세포로 교환이 된다.

이처럼 우리 몸을 이루고 있는 세포들은 끊임없이 소멸과 생성을 반복하고 있으므로 지금 내 세포가 병들었다고 해서 희망의 끈을 놓으면 안 된다. 최근 난치성 질환에 대해 '자연치유'로 접근하는 방법이 유행하고 있는데 이러한 자연치유가 가능한 것 또한 세포의 교환이 있기에 가능한 일이라고 할 수 있다.

새로운 세포가 생성될 때는 물이 중요하다. 깨끗한 물을 계속 공급해주면 신생세포는 더욱 정상세포로 돌아오기 쉽다. 자연치유에서는 깨끗한 음식, 깨끗한 물을 중요시 하는데, 이것이 신생세포로 교환될 때 세포 내 물의 환경을 바꾸어주기 때문이다. 세포 내 물이 깨끗해지면 유전자까지 치료되어 난치성 질환을 낫게 한다. 심지어 말기 암까지 낫게 하는 경우도 있다.

암세포의 물과 정상세포의 물은 다르다

암은 현대인들이 가장 무서워하는 질병 1위다. 사람들이 암으로 죽어가는 모습을 보다보면 '혹시 나도 암에 걸리지 않을까?' 하는 두려움에 휩싸이게 된다. 또 사람들이 암을 무서워하는 이유는 암으로 죽어가는 사람들이 많기도 하지만, 항암 치료 과정이 너무나 고통스럽고 힘들어 보이기 때문이다.

병원에서 행해지고 있는 기본적인 암치료 방법으로는 수술, 항암 치료, 방사선이 있다. 발견된 암이 중기이거나 말기면 즉시 수술, 항암 치료, 방사선 치료가 모두 진행된다. 발견된 암이 초기단계에 있다면 항암 치료는 피할 수 있다. 다만 수술만 받고 항암 치료를 받지 않으면 추후 암이 재발할 확률이 높아진다.

그럼에도 불구하고 환자들이 가능한 항암 치료를 받지 않으

알칼리 이온수가 내 몸을 살렸다

려는 것은 치료의 후유증이 매우 크기 때문이다. 체내에 약을 투여하는 방식으로 이뤄지는 항암 치료는 머리가 다 빠지는 등 온갖 부작용을 갖고 온다. 항암 치료로 낫기라도 하면 다행이지만, 낫지 않는 경우도 많아 안심을 할 수가 없다.

항암 치료의 부작용이 심한 경우 다른 합병증이 발생하기도 한다. 이로 인해 암은 나았지만 다른 질병으로 결국 사망에 이르는 경우도 부지기수다. 항암 치료가 위험한 이유는 암세포만 골라 죽이는 치료가 아니라 정상세포까지 죽이는 치료를 하기 때문이다.

자연치료 시도의 한계

병원에서 행하는 암 수술과 항암 치료의 부작용이 무섭거나 신뢰하지 못하는 사람들은 자연치료를 하기도 한다. 자연치료는 마음을 안정시키고 몸을 깨끗하게 정화하여 조물주가 인간에게 준 자연치유력을 높이는 데 집중한다.

이러한 자연치료 역시 낫는 사람도 있는가 하면 실패하는 사람도 많다. 그런데 자연치료에서 주목할 점은 현대 병원에서 포기한 사람들이 자연치료를 선택하여 낫는 사람들이 있다는 점이다. 자연치료에서는 어떻게 이런 일이 일어날 수 있을까?

자연치료에 대한 관심은 동서양을 불문하고 일어났다. 서양의 경우 미국의 맥스 거슨이 창안한 '거슨요법'이 대표적이며, 동양의 경우 일본의 니시 가쓰조가 창안한 '니시요법'이 대표적이다.

멕시코에서도 겔손 박사가 야채와 과일을 충분히 먹게 함으로써 난치성 질병 치료에 성공하기도 하였다. 겔손 박사는 당시 죽음의 병으로 알려졌던 결핵 환자에게 야채와 과일을 충분히 먹게 함으로써 병을 호전시켜 세상을 놀라게 하였다. 겔손 박사는 이 요법을 이용하여 암 치료에도 대단한 성과를 이루어냈다.

이상한 것은 야채와 과일 섭취 위주로 구성된 겔손 박사의 치료법이 시간이 가면 갈수록 실적이 저조해졌다는 사실이다. 그때는 됐는데 왜 이후로는 안 됐을까? 겔손 박사가 처음으로 활동할 당시는 1930년대로 환경오염이 비교적 덜 되어있을 때였다. 이후 미국 사회는 급격한 산업의 발달로 빠르게 환경오염이 이루어졌다.

환경오염은 물의 오염을 일으킬 수밖에 없었고 이러한 물이 과일과 야채 속으로 들어갔을 것이다. 과일과 야채는 수분함량이 80~90%에 이를 정도로 물의 영향이 절대적인 식품들이다. 그런데 그것 속에 들어있는 물이 오염되었다면 아무리 많이 먹어도 자연치유의 효과는 미비할 수밖에 없을 것이다. 결국 모든 문제는 물의 문제로 귀결될 수밖에 없다.

암세포 물과 정상세포 물의 비교 실험

1974년 미국 뉴욕의 암센터 연구원이었던 레이몬드와 디메이디
안이 흥미로운 실험결과를 발표하였다. 이들은 암으로 사망한
사람들의 암세포와 다른 질환으로 사망한 사람들의 세포를 비교
분석하는 실험을 하였다. 당시로서는 신기술이라 할 수 있는 핵
자기공명NMR 기법을 이용한 실험이었다.

실험결과 암세포의 유전자를 둘러싸고 있는 물과 정상세포
를 둘러싸고 있는 물의 구조가 다름이 확인되었다. 정상세포의
유전자를 둘러싸고 있는 물의 구조는 질서가 잡혀 있는 반면, 암
세포의 유전자를 둘러싸고 있는 물의 경우 흐트러진 구조를 하
고 있었다. 이를 통하여 세포의 유전자를 둘러싸고 있는 물의 구
조를 검사함으로써 암을 조기진단할 수 있는 가능성이 열렸다.

이러한 실험의 결과를 통하여 우리는 무엇을 알 수 있을까?
암세포의 유전자는 정상세포의 유전자에서 변형된 돌연변이 유
전자이다. 무엇이 암세포의 유전자를 변하게 했을까?

여기에서 우리는 두 가지 가능성을 유추할 수 있다. 하나는

유전자가 어떤 원인으로 인해 먼저 변형되고 이 때문에 암세포로 변해 세포 내의 물도 오염되었을 것이라는 가설이다. 또 하나는 세포 내의 물이 먼저 오염되었기 때문에 세포 내의 유전자가 이 영향을 받아 암세포 유전자로 변형되었을 것이라는 가설이다. 두 가지 가설 중 어느 것이 맞을지 증명된 실험은 없지만 두 가지 다 물의 오염 문제가 대두된다.

전자의 경우 암세포 내의 오염된 물을 정상적인 물로 바꿔주면 암세포 유전자를 호전시킬 수 있지 않을까 하는 접근을 할 수 있게 된다.

후자의 경우라면 오염된 물 자체가 암을 일으키는 원인이 된다는 뜻이므로 놀라운 발견이라 하지 않을 수 없다. 물의 오염을 막으면 암도 예방할 수 있다는 뜻이 될 뿐만 아니라 물을 바꿈으로써 암을 치료할 수 있다는 접근까지 가능하기 때문이다.

일반 세포의 경우 분열을 계속하다가 세포 기능의 손상이 발견되면 복구과정을 거치게 된다. 만약 복구가 불가능하다고 판단되면 유전자가 스스로 세포를 사멸시키고 새로운 세포를 재생시킨다.

그런데 암세포의 경우 유전자 손상이 일어나 세포 기능 손상이 발견됨에도 불구하고 복구과정을 거치지 않을 뿐만 아니라 자신을 계속하여 분열시킴으로써 증식시킨다. 이러한 이유로 암세포를 돌연변이 세포라 부르는 것이다.

이때 유전자 변형은 왜 일어나는가? 여러 유전자 실험에 의해 유전자가 오염된 물에 반응한다는 사실이 발견되었다. 유전자는 물이 있는 환경에서만 생존할 수 있을 정도로 물의 영향을 크게 받는 존재이기 때문이다.

암은 우리 몸으로 들어오는 오염된 물에 의해서도 충분히 일어날 수 있다. 따라서 우리 몸의 물을 바꾸는 것이 질병을 치료하거나 질병의 예방 차원에서도 무엇보다 중요한 문제로 다가오지 않을 수 없다.

체내 노폐물은 어디서 오는가?

몸속의 물은 대개 세포 내에 있거나 세포와 세포 사이, 그리고 혈액 등에 포함되어있다. 이러한 물은 우리가 마시는 물과 음식 등을 통하여 몸속으로 들어오게 된다.

몸속의 물이 오염되었다는 것은 구체적으로 어떤 상태를 의미하는 걸까? 우선 오염물질들이 우리가 마시는 물과 음식을 통하여 우리 몸속으로 들어와 몸속의 물을 오염시킬 수 있다 현대인이 마시는 음료수나 식품에는 온갖 화학물질이 포함되어있다.

또한 우리 몸속으로 들어온 음식은 소화과정을 통하여 영양소로 분해된 후 에너지 대사에 쓰이게 되는데, 이때 소화과정이나 에너지 대사과정에서 독소가 발생할 수 있다.

또 우리 몸은 약 60조 개의 세포로 이루어져 있는데, 이 세포

알칼리 이온수가 내 몸을 살렸다

의 개수보다 많은 약 100조 마리의 세균이 우리 몸속에 살고 있다. 이 세균들 중에는 유해균도 있고 유익균도 있다. 이러한 세균들이 발효나 부패를 일으키면서 발생하는 독소도 있다.

독소와 노폐물 중 가장 유해한 것 세 가지

이렇게 우리 몸속에 있을 수 있는 독소 중 가장 유해한 것으로 알려진 세 가지를 소개하면 다음과 같다.

　1) 황화수소 : 황화수소는 달걀 썩은 냄새가 나는 유독 물질로 기체 상태로 존재한다. 주로 장에서 유해균의 부패작용에 의해 발생한다. 고농도의 황화수소에 노출되면 신경계와 호흡기에 해를 끼칠 수 있으며, 오래 마실 경우 사망에 이를 만큼 맹독성이 강하다.

　실제 아프리카 카메룬에서 황화수소가 누출되어 수많은 사람의 목숨을 앗아간 사건이 일어나기도 했었다. 이러한 맹독 가스가 우리의 장에서 발생하고 있다는 사실은 놀랍다. 만약 방귀 냄새에 달걀 썩는 냄새가 난다면 황화수소가 발생한 것이라 여길 수 있다.

2) 아질산나트륨 : 아질산나트륨은 가공육을 만들 때 고기의 선홍빛을 맑게 내고 식품의 보존도 오랫동안 할 수 있게 하여 가공육 제조회사들이 선호하는 식품첨가물이다.

그러나 아질산나트륨은 세계보건기구WHO에서 1군 발암물질로 분류할 정도로 인체에 유해한 물질이다. 과량 섭취하게 되면 산소결핍증을 유발할 수 있고 갑상선 기능저하를 일으킬 수 있으며 적혈구 파괴를 유발할 가능성도 있다.

무엇보다 아질산나트륨이 우리 몸안에 들어오면 화학반응을 통하여 발암물질인 니트로소아민을 형성할 수 있기 때문에 주의해야 한다. 이러한 이유 때문에 우리나라 식품위생법에서도 아질산나트륨을 규제하고 있는데, 규제 기준은 어육햄과 어육소시지류는 1kg당 0.05g 이하, 식품가공육은 1kg당 0.07g 이하 정도이다.

대부분의 식품회사들은 이 기준을 지키고 있지만, 요리에 맛을 내는 각종 조미료까지 섭취하면 화학첨가물을 과량 섭취할 가능성이 높다. 이 경우 아질산나트륨도 규제 기준을 넘어 섭취할 수 있기 때문에 조심해야 한다.

3) 니트로소아민 : 니트로소아민은 세계보건기구WHO에서 1군 발암물질로 분류한 맹독성이 강한 대표적 발암물질이다. 니

알칼리 이온수가 내 몸을 살렸다

트로소아민은 아질산나트륨에 의해 인체 내에서 만들어지기도 하지만 햄, 소시지, 베이컨, 어육, 알코올음료 등 여러 가지 가공식품에 널리 분포되어있기 때문에 조심해야 하는 물질이다.

무엇보다 발암력이 매우 강하여 극미량으로도 암을 유발시킬 수 있는 물질로 알려져있다. 또한, 니트로소아민은 특정 부위에 작용하는 다른 발암물질과 달리 인체의 여러 부위에 암을 유발시킬 수 있기 때문에 더욱 조심해야 한다.

인체에 들어오거나 인체 내에서 만들어진 이와 같은 독성물질들을 통틀어 '인체 내 노폐물'이라고 한다. 인체 내 노폐물은 이 외에도 무수히 많이 있다. 그렇다면 인체는 이러한 노폐물들을 어떻게 처리할까? 정상적인 생리작용을 하는 인체라면 독성물질은 간에서 분해하고 노폐물들은 신장에서 잘 걸러내어 대변이나 소변으로 배출시킨다.

또 일부는 땀샘을 통해 배출시키기도 하고 호흡을 통하여 배출시키기도 한다. 하지만 노폐물의 양이 지나치게 많아지게 되면 일부가 빠져나가지 못하고 인체에 축적되게 된다. 이렇게 인체에 축적된 노폐물들은 물에 녹아 온몸의 세포를 돌아다니며 몸의 물을 오염시키기 때문에 인체에 문제를 일으키게 된다.

인체의 물을 오염시키는 주범, 식품첨가물

인체의 물을 오염시키는 주범 중 하나가 바로 식품첨가물이다. 사실 식품첨가물은 시중에 유통되는 대부분의 음료나 가공식품에 포함되어있는 상황이다. 우리가 무엇을 먹거나 마시려고 마트나 편의점에 들를 때 팔고 있는 거의 모든 식품과 음료수에 식품첨가물이 포함되어있다고 보면 된다. 유통되는 식품에 식품첨가물이 들어갈 수밖에 없는 것은 오래 보존해야 하고 맛도 내야 하기 때문에 어쩔 수 없는 상황이라고 할 수도 있다.

그러나 이러한 식품첨가물은 기준치 이상으로 인체에 들어갈 경우 체내에 독소를 생성하고 대사 장애의 원인이 되기도 하기 때문에 유의해야 한다. 이 때문에 식약처에서는 식품첨가물을 엄격히 규제하고 있다.

식약처에서 허용한 식품첨가물은 약 600종에 이를 정도로 많다. 이러한 식품첨가물들은 각각 1일 섭취허용량이 정해져 있는데, 1일 섭취허용량은 국제기구인 FAO/WHO 합동 식품첨가물 전문가위원회에서 사람이 일생 동안 매일 먹더라도 해를 일으키지 않는 양을 정하여 설정해놓은 값이다. 그러므로 1일 섭취허용량만 지킨다면 큰 문제가 되지 않는다고 볼 수 있다.

하지만 문제는 우리가 식품을 먹을 때 그 제품 하나만 먹는 것이 아니라 다양한 제품을 먹게 된다는 데 있다. 이로 인해 어떤 식품첨가물의 경우 여러 식품에 겹쳐서 다량 먹게 되므로 1일 섭취허용량을 넘길 수도 있다.

또 1일 섭취허용량은 하나의 식품첨가물에 대해 설정해놓은 것인데 여러 가지 식품첨가물을 함께 먹어도 이상이 없는지에 대해서는 뚜렷한 정보가 없다. 또한 1일 섭취허용량이 어른 기준인지 아이들도 해당되는 것인지에 대한 기준도 불명확하다. 그 외에 어떤 식품의 경우 맛에 중독되어 과량으로 섭취하게 되는 경우도 있을 것이다.

식약처에서는 국가의 경제를 위해 식품첨가물이 안전하다고 하지만 위와 같은 요인으로 인해 식품첨가물은 불신의 대상이 되고 있다. 따라서 식약처에서는 이러한 식품첨가물이 우리 몸에 들어왔을 때 왜 안전할 수 있는지, 혹 어떤 작용을 일으키는지를 세세하게 실험하여 투명한 정보를 제공할 필요가 있다.

식품첨가물은 크게 향미증진제, 발색제, 감미료, 표백제, 착색료, 보존료, 유화제 등으로 나눌 수 있다.

향미증진제는 식품의 풍미를 올리기 위해 넣는 것으로 L-글루탐산나트륨MSG이 대표적이다.

발색제는 식품의 색을 강화하기 위해 넣는 것으로 각종 육가

공품에 투입되는 아질산나트륨이 대표적이다.

감미료는 식품에 단맛을 더하기 위해 넣는 것으로 설탕, 과당 등이 대표적이다. 최근 살찌는 것을 방지하기 위해 칼로리는 없으면서 단맛을 내는 감미료가 유행인데 대표적인 첨가제가 아스파탐이다. 문제는 아스파탐을 세계보건기구에서 2B군 발암물질로 선정했다는 사실이다. 이로 인해 제로칼로리를 표방하는 음료와 식품들에 비상이 걸리는 일이 발생하기도 했다.

표백제는 식품을 하얗게 보존하기 위해 넣는 것으로 아황산나트륨이 대표적이다.

착색료는 식품에 색을 내기 위해 넣는 색소로 식용색소, 캐러멜색소 등이 대표적이다.

보존료는 식품의 보존기간을 연장하기 위해 넣는 것으로 소르빈산이 대표적이다.

유화제는 물과 기름 성분이 섞이게 하기 위해 넣는 것으로 카제인나트륨, 글리세린지방산에스테르가 대표적이다.

이러한 식품첨가물들 하나하나가 인체에 어떤 영향을 미치는지에 대한 연구가 아직 제대로 이루어지지 않았으며 투명한 정보가 제공되고 있지 않은 상황이다.

아스파탐의 경우만 살펴보더라도 세계보건기구에서 2B군

발암물질로 선정되기 전까지 인체에 문제가 없는 것처럼 시중에 유통되었다. 그러나 세계보건기구에서 2B군 발암물질로 선정되면서 생산자는 물론 소비자들까지 뒤통수를 맞은 꼴이 되었다. 결국 정부에서 제대로 관리하지 못해 발생한 헤프닝이라고 할 수 있다.

수많은 식품첨가물들 중 또 어떤 것이 발암물질로 선정될지 알 수 없는 상황에서 소비자들은 그저 조심하고 또 조심하는 방법밖에 별도리가 없는 상황이다.

알아두어야 할 것은 이러한 식품첨가물들이 몸에 들어와 쌓일 때 독소로 작용할 수 있다는 사실이다. 이렇게 쌓인 독소들은 몸속의 물에 녹아 온몸을 흐르게 된다. 그러다가 인체의 약한 곳에 쌓여서 세포를 공격하면 그것이 곧 질병으로 발전하게 되는 것이다.

4장

알칼리 이온수의 신비

면역력을 높이는 물습관

한때 '웰빙Well-being 열풍'이 우리나라를 강타한 바 있다. 웰빙은 원래 '행복하고 안락한 삶을 사는 것' 정도의 뜻을 가지고 있었으나 우리나라에서는 특히 건강과 관련된 의미로 발전했다. 먹기나 마시거나 생활할 때 몸에 좋고 안전한 것을 선택하는 문화로 정착한 것이다.

오늘날에 이르러 웰빙은 그 용어의 사용이 줄어드는 추세다. 사람들이 건강과 안전에 관심이 없어졌기 때문일까? 그와 정반대다. 이제 건강과 안전을 따지는 웰빙 문화는 따로 이름을 붙여 지칭할 필요도 없이 너무나 당연한 가치관이 되었기 때문이다.

알칼리 이온수가 내 몸을 살렸다

웰빙에도 불구하고 점점 많아지는 질병

웰빙 열풍이 분 이래로 우리 주변에는, 건강에 도움을 준다는 음식과 식품들이 넘쳐나고 있다. 그렇다면 대한민국 사람들은 이러한 것들을 먹고 건강해졌을까?

가족 중 환자가 있어 대형병원에 가본 사람은 넋이 빠지는 경험을 해보았을 것이다. 병원 문을 열고 들어서는 순간 내가 병원에 온 건지 도떼기시장에 온 건지, 사람들이 그렇게 많을 수 없다. 세상에 아픈 사람이 이다지도 많단 말인가?

먹거리가 이렇게 좋아지고 건강에 대한 사람들의 인식도 높아진 이 시대에 왜 환자들은 점점 많아지는 것일까? 실제 환자 통계를 살펴보면 병원을 찾는 환자 수가 점점 많아지고 있음을 알 수 있다.

건강에 좋은 먹거리를 먹고 운동을 열심히 했다면 건강이 더 좋아져야 정상일 것이다. 그런데 실제 현실은 이와 반대되는 상황으로 흐르고 있으니 이를 어떻게 해석해야 할까? 더욱이 지난 3년간은 전 세계를 괴롭혔던 코로나 사태가 우리를 괴롭혔다.

사람이 질병에 걸린다는 것은 질병을 이길만한 면역력이 떨어졌다는 것을 의미하기도 한다. 면역력이란 몸안에 병균이나 독소 등이 공격해 들어올 때 이를 이겨내는 능력이다. 건강에 이렇게 신경을 쓰는데도 면역력은 왜 높아지지 않고 더 약해졌을까? 그것은 오늘날 먹거리나 삶의 방식에 더욱 악화된 지점이 있기 때문에 나타나는 현상이라고 추론해볼 수 있다.

면역력이 강한 사람, 면역력이 약한 사람

한 사람의 면역력은 그 사람의 타고난 체질과 관련이 있다. 후천적 노력에 의해 면역력이 키워지기도 하지만 타고난 면역력도 있기 마련이다.

그래서인지 어떤 사람은 건강에 대한 별다른 노력을 하지 않아도 건강하게 잘 지내는 것을 볼 수 있다. 반면 허약한 체질의 사람은 아무리 건강관리를 해도 병치레를 달고 사는 모습을 볼 수 있다. 만약 자신이 허약 체질이라면 특별히 면역력을 키우기 위해 노력해야 한다. 그러면 병치레에서도 벗어날 수 있다.

물론 아프지 않기 위해서는 바이러스가 침입하지 않도록 청결을 유지하는 것도 중요하다. 그러나 그보다 더 중요한 것은 면역력을 키울 수 있는 올바른 생활습관을 유지하는 것이다. 여기서 말하는 올바른 생활습관이란 식습관, 마음습관, 수면습관, 운동습관, 물습관 등 5대 습관을 가리킨다.

먼저 식습관은 간단하고 건강한 음식을 규칙적으로 적당히 먹는 습관을 말한다. 사람들이 웰빙 건강식이라 하여 먹는 모습을 보면 먼저 그 양과 종류를 보고 놀란다. 10첩 이상 되는 반찬으로 거하게 차린 음식을 맛있게 먹는 모습을 보면 부담스럽게 느껴진다.

인간의 위는 아무리 건강한 음식이라 하더라도 많은 종류의 음식이 한꺼번에 들어오면 당황하게 된다. 위는 5~6가지 정도의 간단한 식재료가 적당량 들어오는 것을 좋아한다. 또 매끼 같은 음식이 반복되어 들어오는 것은 싫어한다. 따라서 한 끼를 먹을 때는 5~6가지 정도의 간단한 음식을 먹되 끼니마다 음식의 종류를 바꾸는 것이 좋다. 영양도 골고루 섭취하면서 위에도 부담을 주지 않게 될 것이다.

야채와 같은 알칼리성 음식과 고기, 흰쌀, 밀가루와 같은 산성 음식의 균형을 맞추는 것도 중요하다. 4대 1정도로 알칼리성 음식을 산성 음식보다 다량 섭취해줘야 신체의 균형이 유지될 수 있다.

무엇보다 중요한 것은 매일 같은 시간에 규칙적으로 먹는 것이다. 이것이 지켜지지 않으면 아무리 건강식을 먹는다 하더라도 인체에 무리를 줄 수밖에 없고 따라서 면역력이 높아지는 것도 기대하기 힘들다.

●

155

마음습관은 면역력을 키우는 데 있어 무엇보다 중요하다. 부정적 마음은 면역력을 떨어뜨리는 결정적 역할을 하기 때문이다. 실제 연구에서도 인간이 심적으로 부정적일 때 몸에서도 온갖 나쁜 물질들이 분비되는 것으로 관찰되었다.

사람은 기본적으로 예상치 못한 상황이 닥칠 때 부정적 마음이 튀어나오게 설계되어있다. 따라서 이런 상황이 닥쳤을 때는 애써 마음을 긍정적으로 전환시키려는 노력이 필요하다. 그것이 예상치 못한 상황도 잘 극복하고 나의 건강도 지키는 첫 번째 대응 단계다.

아무리 건강식을 하고 운동을 하더라도 수면습관이 나쁘다면 면역력은 높아지기 힘들다. 안타깝게도 현대인들은 일찍 잠들기 힘든 구조 속에 살고 있다. 그러다보니 늦게 자고 늦게 일어나는 게 습관처럼 굳어진 사람들이 많다. 늦게 일어날 수 있는 환경이라면 그나마 낫겠지만 이마저도 안 되는 사람들은 늦게 자고 일찍 일어나 수면 부족 현상에 시달리게 된다.

불규칙한 수면은 아예 수면장애로까지 이어지기도 한다. 그렇게 되면 사람들은 잠을 자려해도 자지 못하게 된다. 아무리 수면제를 먹어도 도통 잠을 못 잘 정도로 심각한 불면증에 시달리는 사람들도 있다.

●

이런 상태에서는 온몸의 세포가 제 기능을 하지 못한다. 면역력이 떨어지는 것은 당연한 결과라 하지 않을 수 없다. 수면장애를 예방하기 위해서는 평소에 의식적으로 잠을 잘 자야 한다. 무조건 일찍 불 끄고 누워서 눈 감는 습관을 길러야 한다. 이게 습관이 되다보면 자연스레 일찍 자고 일찍 일어나게 되어 면역력이 길러진다.

영양학적으로는 칼슘 부족이 불면증의 원인으로 주목되고는 한다. 신경, 혈액 응고, 근육 이완 및 수축 등 다양한 기능에 관여하는 칼슘은 수면에 직접적으로 영향을 미치는 호르몬인 멜라토닌을 생성한다. 그렇기에 칼슘이 부족해지면 잠이 잘 안 오는 것이다.

칼슘을 충분히 섭취하기 위해서는 알칼리 이온수를 마시는 것이 좋다. 전기분해 방식으로 생성된 알칼리 이온수에는 칼슘, 칼륨, 나트륨, 마그네슘 등의 이온화된 미네랄이 다량 포함되어 있기 때문이다.

현대인의 운동습관 또한 잘못된 방향으로 흘러가는 듯하다. 걷기가 좋다 하여 무조건 하루에 1만 보씩 걷는 사람들이 있는데 이는 바람직하지 않다. 운동은 자신의 몸을 잘 살핀 뒤 나에게 맞게 하는 것이 가장 중요하다. 사람에 따라서는 장시간의 걷기

운동이 적합하지 않은 사람도 있다.

우리는 자기에게 주어진 일을 열심히 하다보면 어느 부위든 자연스레 운동이 된다. 일하는 데 사용한 근육을 여가 시간에 또 혹사시킬 필요가 있을까? 운동은 평소 잘 쓰지 않는 근육 위주로 풀어주어야 한다. 그리고 절대 무리하지 않게 적당히 해야 한다. 이렇게 운동을 하면 전신의 노폐물이 자연스레 배출되어 면역력이 높아진다.

사람들이 놓치는 물습관

마지막으로 면역력을 키우기 위해 중요한 물 마시는 습관에 대해서 얘기하겠다. 아무리 면역력을 키우기 위해 건강관리를 한다고 하더라도 물습관이 잘못되어 있으면 도루묵이 될 수 있다. 면역력을 키우는 데 물습관이 중요한 이유는 내 몸의 거의 70%가 물로 이루어져 있기 때문이다. 따라서 나의 체질은 물에 의해 좌우되고 있다는 것을 잘 알아야 한다.

이처럼 중요한 물을 우리는 그동안 아무렇게나 마셔온 것이 사실이다. 지금 내 몸이 허약체질이 되어있거나 병치레를 하는 체질로 되어있다면 물습관을 한 번 바꿔보라 권하고 싶다. 내 몸의 70%를 이루는 물이 건강한 물로 바뀐다면 내 체질도 바뀌면서 면역력이 높아질 것은 어렵지 않게 떠올릴 수 있다.

그렇다면 어떤 물이 내 체질까지 바꿔줄 수 있는 건강한 물일까? 앞에서도 이야기했듯 건강하고 안전한 물은 유해물질과 유해균이 거의 없어야 한다. 또 미네랄이 풍부한 물이어야 한다. 미네랄이 풍부한 물은 우리 몸에 필요한 전해질 성분을 빠르게 공급해준다.

우리는 흔히 체질을 이야기할 때 산성 체질, 알칼리성 체질 등으로 구분한다. 이러한 산성, 알칼리성 체질은 우리 몸의 면역력과 크게 연관되어있다. 산성 체질에 가까운 사람일수록 허약하거나 병치레를 자주 한다. 이런 이들에게 알칼리 이온수를 마시는 것은 몸을 알칼리성으로 유지하는 가장 좋은 방법이다.

우리 사회에서는 아직까지 알칼리 이온수를 마시는 것이 보편화되어있지 않다. 알칼리 이온수를 마시려 해도 주변에서 알칼리 이온수를 찾기가 쉽지 않은 것이 현실이다. 마트나 편의점에 가서 알칼리 이온수를 찾아도 쉽게 구할 수 없다.

웰빙 열풍으로 인해 아무리 건강을 챙기려고 노력해도 건강해지지 않았던 이유가 바로 여기에 있다. 깨끗한 물과 미네랄이 함유된 물, 그리고 알칼리 이온수를 놓쳤던 것이다.

이제 우리 모두가 물도 아무 물이나 마실 것이 아니라 몸에 좋은 물을 마시는 쪽으로 생각의 전환을 일으켜야 한다. 해답은 알칼리 이온수에 있다.

●

산성과 알칼리성에 대한 이해

앞에서 물은 물 분자로 구성되어 있다고 했다. 물 분자를 화학식으로 나타내면 H_2O가 된다. 이것은 수소 원자H 2개와 산소 원자O 1개가 결합되었다는 뜻이다.

만약 물이 순수한 물 분자H₂O로만 이루어져 있다면이러한 물을 증류수라고 한다 이 물의 성질은 산성도 알칼리성도 아닌 정확히 중성을 띠게 된다.

그러나 우리가 자연에서 접하는 물 중에 오직 물 분자로만 이루어진 물은 없다. 물에는 칼륨, 나트륨, 칼슘, 마그네슘 등과 같은 온갖 미네랄이 포함되어있다. 또 오염된 대기를 통과해 내리는 비에는 이산화탄소, 이산화황, 이산화질소 등이 포함되어 있다. 이처럼 물에는 다양한 물질이 있을 수 있는데, 물의 산성을 유발하거나 알칼리성을 유발하는 물질이 포함되면 물은 중성의 성질을 잃게 된다.

산성과 알칼리성을 나타내는 pH 단위

알칼리 이온수를 제대로 이해하기 위해서는 산성, 알칼리성의 개념을 정확히 이해하는 것부터 필요하다. 우리의 일상에서 산성과 알칼리성을 가장 쉽게 접할 수 있는 것은 음식이다. 대개 음식에서 신맛이 난다면 그것은 산성을 띠기 때문이다. 반대로 음식에서 쓴맛이 난다면 그것은 알칼리성을 띠기 때문에 나타나는 현상이다.

같은 산성이라 해도 강한 산성이 있을 테고 약한 산성도 있을 테다. 마찬가지로 같은 알칼리성이라 해도 강한 알칼리성이 있을 테고 약한 알칼리성도 있을 테다. 과학자들은 이러한 성질을 수치로 나타내기 위해 pH라는 측정수단을 사용하고 있다.

일반적인 자연계 물질은 pH 값이 0~14 사이에 위치하는데, 만약 물질의 성질이 정확히 중성이라면 pH7을 나타내게 된다. 여기서 산성의 성질이 강해지면 강해질수록 값은 내려가고 알칼리성 성질이 강해지면 값은 올라간다. 예를 들어 pH2는 pH5보다 산성의 세기가 훨씬 강하다는 뜻이 된다. 또 pH10은 pH8보다 알칼리성의 세기가 훨씬 강하다는 뜻이 된다.

각종 물에 대한 성분 조사

항목	수질기준 (기준치 이하)	수돗물 (은평구 아파트)	정수기 물		생수			알칼리 이온수
			중공사막식	역삼투압식	삼다수	아이시스	평창수	
경도	300mg/L	45	44	2	19	35	62	142
칼슘(mg/L)		14.9	14.7	0.2	3.3	13.7	19.6	27.6
나트륨		5.3	5.3	0.7	6.2	5.7	8.4	9.8
마그네슘		2.6	2.6	0.1	2.7	1.1	2.6	4.88
칼륨		1.6	1.6	0.1	2.2	0.5	0.7	5.49
규소		3.6	3.6	0.4	14.0	9.3	10.3	−
pH	5.8~8.5	7.1	7.0	6.3	7.8	7.1	7.2	9.8
잔류염소	4.0mg/L	0.15	불검출	불검출	불검출	불검출	불검출	불검출
비린맛, 쓴맛 등	없음	없음	없음	없음	없음	없음	없음	없음

▲ 수돗물, 정수기 물, 생수, 알칼리 이온수의 수질검사 결과

자료 : 국립환경과학원

위 자료는 국립환경과학원이 우리가 시중에서 접하는 물들의 각
종 지표를 조사하여 발표한 결과에 알칼리 이온수의 조사값을
덧붙인 것이다. 조사된 지표 중에는 pH 값도 있어 우리가 마시
고 있는 물의 산성도가 얼마나 되는지 알 수 있다.

역삼투압식 정수기 물의 경우 유일하게 pH7 아래로 내려가
산성을 띠는 것을 볼 수 있다. 삼다수의 알칼리성이 다른 물에

163

비해 높은 것은 수용성 규소가 많이 함유되어있기 때문이다. 그러나 대체적으로 우리가 시중에서 접하는 물들은 pH 값이 중성의 범위에 있음을 알 수 있다.

그에 반해 알칼리 이온수의 pH 값은 9.8로 높은 알칼리성을 띠며 미네랄 함량도 높다.

산성과 알칼리성의 차이

물이 산성이나 알칼리성이 되면 분자 구조상에는 어떤 변화가 있을까? 왜 물속에 미네랄이 많으면 알칼리 성을 띠는 걸까? 이를 이해하기 위해서는 '이온화'의 개념에 대해 알아야 한다. 이온이란 원자가 전기를 띠게 된 상태를 말하는데, 일반적인 분자 물질이 물에 녹는 등 특정 상태가 되면 플러스 전기를 띤 원자와 마이너스 전기를 띤 원자로 나뉘면서 이온화가 일어난다.

소금이 물에 녹는 경우를 생각해보자. 소금의 화학식은 $NaCl$이다. 여기서 Na는 나트륨을 나타내며 Cl은 염소를 나타낸다. 즉 소금은 나트륨과 염소가 결합된 구조를 하고 있는 것이다. 일반적인 상태에서 $NaCl$은 전기를 띠지 않는다. 하지만 이 소금이 물에 녹을 경우 물속에서 다음과 같은 분리가 일어난다.

$$NaCl = Na^+ \leftrightarrow Cl^-$$

전기를 띠지 않던 NaCl소금이 플러스 전기를 띠는 나트륨이온Na⁺과 마이너스 전기를 띠는 염소이온Cl⁻으로 나누어진 것이다. 이로 인해 소금물은 전기가 흐르는 성질을 띠게 된다.

그렇다면 물 분자의 이온화는 어떻게 이뤄지는가? 물은 특이하게도 이온화되지 않아도 전기를 지닌 극성분자 성질을 띠고 있다. 그러나 이는 물 분자를 구성하는 수소 원자와 산소 원자의 구조에 의해 발생하는 '부분적인 전기 성질'이다. 그렇기에 물 분자 자체를 놓고 보면 이온화되지 않은 일반적인 분자 상태라고 할 수 있다.

특정한 조건이 되면 물 분자에도 이온화가 일어난다. 그것이 어떤 조건이냐에 대한 얘기는 차치하고 이온화가 일어날 경우 물 분자가 어떻게 나누어지는지를 살펴보면 다음과 같다.

$$H_2O = H^+ + OH^-$$

H$_2$O로 이뤄진 물 분자가 이온화되면 플러스 전기를 띤 '수소 이온H$^+$'과 마이너스 전기를 띤 '수산화이온OH$^-$'으로 나누어진다.

물이 산성인지 알칼리성인지를 결정하는 것은 바로 이 수소 이온과 수산화이온이다. 물을 이온화시킬 경우 두 물질은 분자식에 따라 정확히 동일한 양이 생성된다. 그러나 각종 변수로 인해 물속에 수소이온이 많아지면 그 물의 산성이 강해지고, 수산화이온이 많아지면 알칼리성이 강해진다.

수소이온과 수산화이온이 만나면 두 이온은 금방 다시 섞여 물이 된다. 섞은 뒤에 수소이온이 남아있다면 그 물은 약간 중화된 산성을 띨 것이고, 수산화이온이 남아있다면 약간 중화된 알칼리성을 띨 것이다. 산성 이온수와 알칼리 이온수의 상호 중화 반응은 이렇게 일어난다.

수소이온이나 수산화이온과 결합하는 물질이 물에 섞여있으면 결합되지 않은 하나가 많아지게 된다. 수돗물이 역삼투압 정수기 물보다 알칼리성이 더 높게 나타난 것은, 수돗물에 수소이온과 결합하여 수산화이온을 남기는 미네랄이 더 많이 녹아있기 때문이다.

알칼리 이온수는 이러한 수돗물보다 더 강한 알칼리성을 띤다. 그 까닭은 미네랄이 많이 녹아있기 때문이기도 하지만 아예 '전기분해'를 하여 수소이온과 수산화이온을 나누는 처리를 거치기 때문이기도 하다. 이에 대해서는 알칼리 이온수의 생성 과정에서 자세히 살펴볼 것이다.

건강한 사람은 약알칼리성 체질이다

약알칼리성을 유지하려는 인체

정상적인 사람의 체액을 채취하여 pH산도를 측정해 보면 7.4라는 약알칼리성 수치가 나온다. 인체의 체액이 이러한 약알칼리성을 잃게 되면 인체에는 다양한 문제가 생기게 된다.

다행히 인체는 항상성을 유지하는 힘이 있기 때문에 만약 체액이 어떤 외부적 요인으로 인해 산성화되면 화학반응을 일으켜 산성을 없애고 다시 약알칼리성으로 돌아오려 한다. 반대로 체액의 알칼리성이 기준 이상으로 강해지면 화학반응을 일으켜 알칼리성을 줄여줌으로써 다시 약알칼리성을 돌아오려 한다.

알칼리 이온수가 내 몸을 살렸다

산성 체질의 문제점

인체의 항상성에도 불구하고 온갖 환경오염과 가공식품의 식품 첨가물에 절여져서 살아가는 현대인이 인체의 pH 수준을 정상적으로 유지하며 살아가기란 쉽지 않다. 특히 일부 환경오염 물질과 식품첨가물은 체액에 녹을 경우 인체를 산성 체질로 강하게 드라이브한다. 이러한 상황이 반복적으로 일어나면 몸이 아예 산성화되어버린다.

각종 스트레스에 노출되는 것 또한 체액을 산성화시키는 주요 원인이다. 또 노폐물을 걸러주는 간과 신장 기능에 이상이 생기거나 비만이 과한 것 또한 산성화의 주된 원인이 될 수 있다.

산성 체질이 되었다는 것은 몸에 미네랄과 같은 알칼리성 물질은 부족해지고 노폐물과 독소 등 각종 오염 물질은 많아졌다는 것을 뜻한다. 때문에 산성 체질이 되면 몸 곳곳에 질병이 발생하기 쉬워진다.

산성 체질이 되면 혈액이 탁해지고 산소공급도 원활하지 않게 된다. 이로 인해 쉽게 피로하게 되고 피부트러블이 생길 수도 있으며 고혈압 등 성인병이 발병할 수도 있다. 따라서 이러한 증상들이 나타난다면 자신이 이미 산성 체질로 접어들고 있음을

169

인식하고 이를 개선하기 위해 노력해야 한다.

산성 체질을 개선하기 위해서는 앞에서 이야기한 산성 체질이 되는 원인을 제거해야 한다. 가공식품의 섭취를 줄이고 비만이라면 살을 빼야 한다. 또 일상에서 스트레스를 주는 요인을 해소하고 스트레스를 받더라도 괜찮도록 자신의 내면을 단련시켜야 한다.

그러나 이러한 방법들은 실천하기가 무척 어려운 것이 사실이다. 가장 쉽게 신체를 알칼리화시키는 방법은 역시 알칼리 이온수를 마시는 것이다. 몸에 직접 알칼리 이온수를 공급하면 체내의 산성 물질은 중화되어버린다. 그렇게 되면 다시 혈액도 맑아지고 산소공급도 원활해져 건강한 약알칼리성 체질이 될 수 있다.

알칼리 이온수가 내 몸을 살렸다

알칼리 이온수의 생성 원리

피부가 더러워졌을 때 샤워를 하면 깨끗해지듯 몸속의 더러워진 물도 알칼리 이온수를 마시면 깨끗이 씻어낼 수 있다. 이러한 과정은 어떻게 이뤄지는가? 이것을 이해하기 위해서는 먼저 알칼리 이온수의 개념에 대해 알아야 한다.

알칼리 이온수는 1937년 일본의 한 학자에 의해 발견되었다. 그는 물을 전기분해하는 실험에서 우연히 물이 산성 이온수와 알칼리 이온수로 나뉘는 것을 발견하였다. 그런데 이 중 알칼리 이온수를 식물에 주었더니 식물이 건강하게 빨리 자라는 것을 확인할 수 있었다.

이후 그는 '이 물을 사람이 마셔도 좋은 효과가 나타나지 않을까?'라는 생각을 했다. 이후 알칼리 이온수에 대한 본격적인 연구를 수행했다.

1950년에는 일본의 국립과학연구소장이 직접 알칼리 이온수를 음용해보기도 했다. 그는 온몸에 습진이 번져 고생하고 있었는데, 알칼리 이온수를 마신 지 3개월 만에 습진이 해결되었다. 이후 알칼리 이온수의 효능이 계속해서 밝혀지면서 1965년 일본 후생성에서 의학적 효과를 공식적으로 인정하기에 이르렀다.

물의 전기분해와 알칼리 이온수의 생성 원리

물에 양극과 음극을 만들어 전기를 통하게 하면 물의 전기분해가 일어나기 시작한다. 물의 전기분해란 H_2O인 물 분자가 수소이온$_{H^+}$과 수산화이온$_{OH^-}$으로 분해되는 화학적 반응을 뜻한다. 이러한 물의 전기분해가 양극과 음극에서 일어나는 반응을 식으로 정리하면 다음과 같다.

$$\text{양극} : 2H_2O \rightarrow O_2 + 4H^+(\text{수소이온}) + 4e^-$$

$$\text{음극} : 4H_2O + 4e^- \rightarrow 2H_2 + 4OH^-(\text{수산화이온})$$

알칼리 이온수가 내 몸을 살렸다

이러한 전기분해 반응 때문에 양극에서는 산소기체O_2, 음극에서는 수소기체H_2가 발생하게 된다. 이 식에서 주목할 것은 물에 전기를 가할 시 물이 전기분해되면서 양극과 음극에서 생성되는 물질이다.

위 반응식을 보면 양극에서는 물H_2O이 전기분해되면서 산소기체O_2와 수소이온H^+이 함께 생성되는 것을 알 수 있다(양극에서 음이온이 아니라 양이온인 수소이온이 생성되는 것에 주목하라). 이때 수소이온이 만들어지면서 떨어져나온 전자$4e^-$도 함께 생기게 되는데 이 전자가 전선을 타고 음극으로 이동하여 음극의 전기분해 반응에 참여하게 된다. 이렇게 하여 음극에서는 물H_2O이 이동해온 전자e^-와 반응하여 수소 기체H_2와 수산화이온OH^-을 만들어내게 된다(음극에서 양이온이 아니라 음이온인 수산화이온이 생성되는 것에 주목하라).

이때 물의 산성과 알칼리성을 결정하는 것은 수소이온H^+과 수산화이온OH^-이다. 양극에는 수소이온H^+이 많으므로 양극의 물을 뽑아내면 산성 이온수가 된다. 음극에는 수산화이온OH^-이 많으므로 음극의 물을 뽑아내면 알칼리 이온수가 된다. 알칼리 이온수기에서 산성 이온수와 알칼리 이온수가 각각 분리되어 만들어질 수 있는 까닭은 바로 이 때문이다.

한편, 물에는 순수한 물H_2O만 있는 것이 아니라 각종 미네랄

173

이 함께 녹아있다. 이러한 미네랄은 물속에서 원자 상태가 아니라 칼슘이온Ca^{2+}, 마그네슘이온Mg^{2+}, 칼륨이온K^+, 염소이온Cl^-, 황이온S^{2-}, 요오드이온I^{2-}과 같이 전기적 성질을 띤 이온 상태로 녹아있다.

이런 물에 양전기와 음전기를 가해주면 마치 자석의 성질처럼 양극은 음이온을 끌어당기고 음극은 양이온을 끌어당기는 반응이 일어나게 된다. 즉 양극에는 염소이온Cl^-, 황이온S^{2-}, 요오드이온I^{2-} 등과 같이 음이온이 이동하여 모이게 되고, 음극에는 칼슘이온Ca^{2+}, 마그네슘이온Mg^{2+}, 칼륨이온K^+ 등과 같이 양이온이 이동하여 모이게 된다.

양극 : 염소이온Cl^-, 황이온S^{2-}, 요오드이온I^{2-} 등

음극 : 칼슘이온Ca^{2+}, 마그네슘이온Mg^{2+}, 칼륨이온K^+ 등

알아두어야 할 것은 여기에 표시된 물질은 대표적인 것 몇 가지일 뿐 실제로는 이보다 훨씬 많은 종류의 미네랄이 존재하고 있다는 사실이다. 일반적으로 칼슘이온Ca^{2+}, 마그네슘이온Mg^{2+}, 칼륨이온K^+과 같은 금속 양이온들이 물에 많이 녹아있을 경

우, 물을 알칼리성으로 만드는 데 기여하는 것으로 알려져있다. 반대로 염소이온Cl^-, 황이온S^{2-}, 요오드이온I^{2-}과 같이 비금속 음이온이 물에 많이 녹아있을 경우, 물을 산성으로 만드는 데 기여하는 것으로 알려져 있다. 이 때문에 음극의 양이온들은 알칼리 이온수를 더 알칼리화시키는 데 기여하고, 양극의 음이온들은 산성 이온수를 더 산성화시키는 데 기여한다.

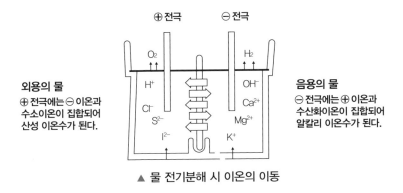

▲ 물 전기분해 시 이온의 이동

물을 전기분해 할 때 양극과 음극에 모이는 전체 이온들을 정리하면 다음과 같다.

양극 : 염소이온Cl^-, 황이온S^{2-}, 요오드이온I^{2-}, 수소이온H^+ 등

음극 : 칼슘이온Ca^{2+}, 마그네슘이온Mg^{2+}, 칼륨이온K^+, 수산화이온OH^- 등

4장 알칼리 이온수의 신비

양극은 산성을 만들어내는 수소이온과 음이온이 많으므로 산성 이온수가 만들어지고, 음극은 알칼리성을 만들어내는 수산화이온과 양이온이 많으므로 알칼리 이온수가 만들어지는 것이다. 이것이 알칼리 이온수기가 산성 이온수와 알칼리 이온수를 만들어내는 원리이다.

전기분해식 알칼리 이온수

지금까지의 내용을 살펴봤다면 짐작하겠지만 알칼리 이온수가 우리 몸에 좋은 이유는 단지 물이 알칼리성을 띠기 때문만은 아니다. 알칼리 이온수에 녹아있는 미네랄 때문임도 알아야 한다. 이러한 이유로 알칼리 이온수를 음용할 때는 '전기분해식 알칼리 이온수'를 마실 것을 강권한다.

단지 알칼리 이온수만을 만들어내고자 한다면 알칼리성 물질을 물에 녹이면 쉽게 만들 수 있다. 반면 전기분해식으로 생산된 알칼리 이온수에는 인체에 필요한 칼슘, 칼륨, 나트륨, 마그네슘 등의 미네랄이 이온화 상태로 녹아있어 음용 시 흡수가 용이하다. 이러한 미네랄들은 일상에서 섭취하기 어려운 것들이라 더욱 귀중하다.

알칼리 이온수가 내 몸을 살렸다

전기분해식으로 알칼리 이온수를 만들면 그 과정에서 산성 이온수가 함께 생성된다. 산성 이온수는 세정력이 우수하여 피부에 자극 없이 세안을 할 수 있으며, 살균력이 우수해 건강염려 없이 식기 세척용으로도 사용할 수 있다. 과일, 야채를 씻을 때 사용하면 효과적으로 농약 성분을 제거할 수 있다.

또한 산성 이온수에는 염소, 인, 황, 요오드와 같은 물질들이 모이는데, 과도하게 섭취할 경우 인체에 해를 끼칠 수 있는 것들이다. 이러한 물질들이 산성 이온수에 모이게 되면 반대로 우리가 음용하는 알칼리 이온수에는 이러한 물질의 함유량이 적어지므로 더욱 유익하다.

알칼리 이온수와 산성 이온수의 효과는 의학적으로 인정받기도 했다. 알칼리 이온수는 위산과다, 소화불량, 만성설사, 장내이상발효 등의 질병에 의료적으로 효과가 있다는 사실을 식약처로부터 인정받았다. 산성 이온수 역시 아스트리젠트_{살균, 세정력}이 우수한 화장수로 인정받은 물이다.

물의 흡수율을 결정하는 클러스터

전기분해식 알칼리 이온수의 장점은 여기에서 끝나지 않는다. 전기분해식 알칼리 이온수의 가장 큰 장점 중 하나는 일반적인 물에 비해 체내 흡수율이 비약적으로 상승한다는 데 있다. 물 분자 덩어리가 잘게 쪼개져서 활성화된 물이기 때문에 인체의 미세한 세포까지 흡수가 아주 잘된다.

클러스터의 크기에 따라 흡수율이 바뀐다

대학에서 화학을 전공한 사람들도 잘 모르는 '물의 비밀'이 있다. 그것은 바로 물 분자가 분자 집단이라고 할 수 있는 '클러스터Cluster'로 이루어져있다는 사실이다. 물의 클러스터에 대한 개념은 1988년 일본의 마쓰시타 사에 근무하던 한 연구원이 아사히신문에 소개하면서부터 세상에 알려졌다.

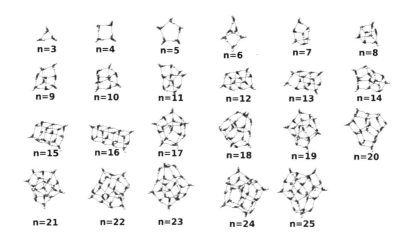

▲ 다양한 형태의 물 클러스터

　물을 구성하는 물 분자들은 서로 균일한 간격을 두고 배열해 있는 것이 아니다. 물을 핵자기공명NMR 장치로 관찰해보면 위와 같이 물 분자가 각기 다양한 형태로 뭉쳐있는 것을 볼 수 있다. 클러스터Cluster란 이름은 물 분자들이 뭉쳐있는 모양이 포도송이와 같아 붙은 말이다.

　어떤 클러스터는 물 분자 3개로 구성되어 크기가 작다. 이처럼 작은 클러스터들은 체내에 들어가 세포 내부로 흡수되기에

용이하다. 어떤 클러스터는 물 분자 25개로 구성되어있어 크기가 매우 크다. 이처럼 큰 클러스터들은 큰 몸집이 걸려 세포 내부로 들어가기가 쉽지 않다.

체내로 들어온 물은 세포막을 통과하여 세포 내로 들어가게 된다. 물이 잘 흡수되기 위해서는 물 분자의 클러스터 크기가 세포막의 구멍 크기보다 작아야 한다.

인간 세포의 세포막 두께는 평균 10nm이며, 삼투압에 의해 세포막의 구멍이 열릴 때 구멍의 지름은 약 0.7~1nm로 알려져 있다. 클러스터가 수월하게 세포막 구멍을 통과하기 위해서는 0.7nm보다 작아야 한다는 결론이 나온다.

따라서 우리가 마시는 물의 클러스터 크기가 어떠한지는 세포의 물 흡수율에 지대한 영향을 미친다. 작은 클러스터가 많은 물일수록 인체의 구석구석까지 침투하여 오염된 곳을 청소하는 데 용이하다.

클러스터의 크기는 물속의 영양분을 흡수하는 데에도 중요하게 작용한다. 물은 자신만 인체에 흡수되는 것이 아니라 각종 미네랄과 영양소 및 생리활성물질을 녹여 함께 체내에 흡수된다. 그런데 클러스터의 덩어리가 커서 세포에 잘 흡수되지 않는다면 이들 또한 잘 흡수할 수 없게 된다.

클러스터가 매우 작은 알칼리 이온수

앞서 밝힌 대로 핵자기공명NMR 장치를 이용하면 물의 클러스터 크기를 측정할 수 있다. 핵자기공명 장치는 물 분자에서 나오는 진동을 감지한다. 진동 값은 Hz 단위로 표기하는데 100Hz라 하면 1초에 100번 진동하는 것을 의미한다.

크기가 작은 클러스터는 시간당 진동수가 적어 Hz 값이 낮아진다. 반대로 크기가 큰 클러스터는 시간당 진동수가 많아 Hz 값이 높아진다. 물에는 다양한 크기의 클러스터가 있겠으나 대체로 작은 클러스터가 많을 경우 Hz 값은 낮아지게 된다.

세포막의 구멍 크기인 0.7nm 수준의 클러스터를 핵자기공명 장치로 측정하면 100Hz 정도가 나온다. 그렇기에 70~80Hz의 측정값을 보이는 물이라면 세포막을 어렵지 않게 통과할 수 있다는 결론이 나온다. 물론 그보다 더 작으면 좋다.

실제 핵자기공명 장치로 측정한 수돗물의 진동값은 111.6Hz로 나타나는 반면 전기분해식 알칼리 이온수는 54Hz밖에 나오지 않는다. 이것은 알칼리 이온수가 수돗물에 비해 평균 클러스

181

터 크기가 절반도 되지 않음을 나타낸다.

각종 물의 클러스터 핵자기공명 측정값

알칼리 이온수 : 54Hz

장수촌의 물 : 70Hz

수돗물 : 111.6Hz

역삼투 정수물 : 150Hz

산성 이온수 : 280Hz

각종 물의 핵자기공명 측정값은 위와 같다. 알칼리 이온수의 클러스터 크기는 장수촌의 물보다 더 작다. 어떤가? 알칼리 이온수가 왜 좋은지 또 한 가지 이유를 알게 되었을 것이다.

육각수를 형성하기 좋은 물

한국과학기술원의 고故 전무식 박사는 물의 구조와 관련한 놀라운 사실을 밝혀냈다. 그는 핵자기공명 장치를 통하여 세포 내의 물을 관측하는 실험을 계속했다. 그러던 중 그는 정상적인 세포의 물들과 이상을 일으킨 세포의 물들이 다른 구조를 갖고 있음을 알게 되었다.

알칼리 이온수가 내 몸을 살렸다

정상적인 세포의 물들은 분자 구조가 마치 유전자를 보호하는 것처럼 질서정연하게 세포핵을 감싸고 있었다. 반면 이상을 일으킨 세포의 물을 관측했더니 세포핵 주변 물의 분자 구조가 불규칙하게 흐트러져 있었다.

이것은 무엇을 말하는가? 물의 구조가 질서정연하게 형성되어 있는 물이 그렇지 않은 물보다 건강에 좋다는 것을 뜻한다고 볼 수 있다. 질서정연하게 구조화된 물은 세포를 활성화시킴으로써 생리 활성에 도움을 준다. 당연히 세포와 유전자가 활성화되면 질병으로부터도 안전할 수 있다.

'육각수'라는 말을 들어본 적이 있을 것이다. 물의 구조가 질서 있게 형성될 때 그 물은 대개 육각형의 구조를 이룬다는 이론이다. 이러한 육각수 이론은 전무식 박사의 발견과도 연결 지을 수 있다.

그렇다면 알칼리 이온수는 어떤 구조를 하고 있을까? 놀랍게도 알칼리 이온수는 육각수의 비율이 높다. 그 이유는 알칼리 이온수의 클러스터 크기가 작기 때문이다. 육각수가 되기 위해서는 물 분자 6개가 모여야 하는데 크기가 작은 알칼리 이온수의 클러스터가 이에 부합한다. 클러스터의 크기가 클 경우 육각수를 이루기가 쉽지 않게 된다.

●

알칼리 이온수에 육각수가 많은 또 다른 이유는 육각수를 만드는 데 도움을 주는 칼슘이온의 농도가 높기 때문이다. 실험에 의하면 물속에 칼슘이온과 리튬이온 등 금속 이온이 많을수록 육각수가 잘 만들어지고 염소이온이 많을수록 잘 안 만들어지는 것으로 밝혀졌다. 전기분해식 알칼리 이온수의 염소이온들은 산성 이온수로 걸러지니 금상첨화다.

장내 미생물 생태계에도 영향을 미친다

최근 체내 미생물을 관리한다 하여 '마이크로바이옴Microbiome'이 유행하고 있는데, 이는 장내 미생물의 환경이 건강을 좌우한다는 이론에 기반한다. 알칼리 이온수가 특히 소화기 문제에 큰 효과를 나타내는 이유는 이러한 장내 미생물에도 영향을 미칠 수 있기 때문이다.

클러스터의 크기가 작은 알칼리 이온수는 분자운동이 활발하여 영양분을 빠르게 흡수시키는 효과도 낼 수 있다. 이로 인해 소화기관의 소화작용이 원활해지고 장내 미생물의 활동도 활발해질 수 있다.

장내 미생물은 유익균과 유해균으로 나뉘는데 유해균이 유익균보다 많아지지 않도록 적절한 비율을 유지하는 것이 중요하다. 만약 유해균의 비율이 높아지면 이상발효 현상이 생기고 유독가스가 발생하게 된다.

알칼리 이온수는 클러스터 크기가 작기 때문에 체내 효소의 작용을 원활하게 한다. 동시에 클러스터 크기가 작으면 유독물질을 녹이는 힘도 커지기 때문에 알칼리 이온수는 노폐물을 녹여 배출하는 데에도 유리하다. 이러한 특성으로 인해 알칼리 이온수는 장내 유익균과 유해균의 적절한 비율을 적절히 맞추는 데 기여하게 된다.

그 결과 알칼리 이온수를 마시면 소화작용과 대사작용이 원활히 이루어져 냄새 없는 바나나변을 보게 된다. 알칼리 이온수가 위산과다, 소화불량, 만성설사, 장내이상발효 등 소화기능 관련 4개 증상에 대한 의학적 효능을 식약처로부터 인정받은 것은 바로 이러한 원리 때문이다.

활성산소를 제거하는 알칼리 이온수

모든 병의 원인이 '활성산소' 때문이라는 말을 들어본 적이 있을 것이다. 활성산소는 인간이 신진대사를 하는 과정에서 자연스럽게 만들어지지만, 이것이 과다하게 생성되고 체내에 쌓이면 노화와 여러 질병을 일으키는 것은 물론 심지어 암까지 일으키게 된다고 알려져있다. 이 때문에 활성산소를 억제하거나 없애준다고 하는 항산화제가 인기를 끌고 있다.

그런데 알칼리 이온수가 항산화 작용까지 할 수 있다면 믿을 수 있겠는가? 알칼리 이온수가 항산화제 역할을 할 수 있는 까닭은 풍부한 용존수소가 강한 '환원제'로 작용할 수 있기 때문이다.

알칼리 이온수가 내 몸을 살렸다

활성산소를 만드는 산화, 없애는 환원

여기에서 '산화'와 '환원'의 개념을 이해해보도록 하자. 그래야만
알칼리 이온수가 어떻게 활성산소를 제거할 수 있는지를 이해할
수 있다.

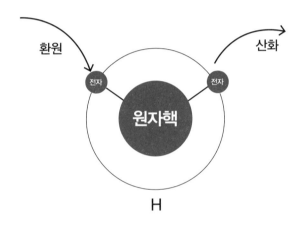

▲ 수소 원자의 환원과 산화 과정

일반적으로 원자는 원자핵과 그 외곽을 도는 전자로 이루어
져 있다. 이때 전자를 잃는 반응을 '산화'라 하고 전자를 얻는 반
응을 '환원'이라고 한다. 앞서 분자의 이온화 과정을 살펴본 우리
에겐 익숙한 개념이다.

알칼리 이온수에는 칼륨이온 K^+, 칼슘이온 Ca^{2+}, 마그네슘이온 Mg^{2+}과 같이 양전하를 띤 이온들이 많이 포진되어있다. 칼륨이온 K^+의 분자식에서 '+'가 의미하는 것은 중성 상태의 칼륨보다 전자 1개가 모자라다는 뜻이다. 또 칼슘이온 Ca^{2+}에서 '2+'가 의미하는 것은 중성 상태의 칼슘보다 전자 2개가 모자란다는 뜻이다.

따라서 이런 양이온들은 다른 물질로부터 전자를 빼앗아서 안정된 중성 상태가 되려고 한다. 그리고 이러한 물질들을 많이 함유한 알칼리 이온수는 몸안의 전자를 빨아들이는 환원력을 지닌 물이 되는 것이다.

그렇다면 활성산소는 어떤 상태에 있을까? 활성산소의 화학식은 O_2^-다. 여기서 '-'가 의미하는 것은 중성상태의 산소 O_2보다 전자가 1개 더 많다는 뜻이다. 그렇기에 활성산소는 전자를 배출하고 중성상태로 되돌아가려는 성질을 갖는데, 이러한 반응이 일어나려면 전자를 빨아들이는 환원력을 지닌 물질이 필요하다.

알칼리 이온수 속 양이온들은 전자를 빼앗으려는 환원력이 강하므로 몸속에 들어가면 활성산소의 전자를 빼앗는 작용을 한다. 이로 인해 활성산소 O_2^-는 전자를 잃어 그냥 산소 O_2가 되고 체내의 대사과정에 사용된다. 알칼리 이온수는 이와 같은 작용으로 활성산소를 줄이는 역할을 한다. 이것은 알칼리 이온수를 마시면 따로 항산화제를 먹지 않아도 된다는 것을 뜻한다.

그렇다면 과연 알칼리 이온수의 항산화력은 얼마나 강력할까? 이것은 활성산소의 전자를 얼마나 강하게 빼앗아올 수 있는지로 가늠할 수 있다. 전자를 얻는빼앗는 환원력의 크기를 '환원전위'라 하는데, 그 값은 음수로 나타내어 값이 작을수록, 즉 마이너스 값이 크게 나올수록 환원력이 큰 것을 의미한다.

전기분해로 얻어진 알칼리 이온수의 환원전위는 -50mV에서 -500mV까지의 낮은 값을 가지는 것으로 나타났다. 이 정도의 값이라면 활성산소를 제거하기에 충분한 값이다.

알칼리 이온수 외에 물속에 수소 분자가 녹아있는 '수소수' 또한 강한 환원력을 지닌 항산화 물질로 주목된다. 수소수는 알칼리 이온수와는 다른 유형의 환원 반응을 일으키는데, H_2인 수소 분자가 O_2^-인 활성산소와 만나 수소이온H^+화되면서 동시에 물H_2O로 분자결합되는 것이다. 이러한 반응을 일으키는 수소이온의 환원전위는 -420mV 수준으로 강력하다.

사실 이러한 수소수의 이점은 알칼리 이온수를 마시는 것으로 동시에 누릴 수 있다. 전기분해식 이온수기를 통해 만들어진 알칼리 이온수에는 수소 분자의 농도 또한 1,000ppb 수준으로 높게 측정되기 때문이다.

•

알칼리·산성 이온수를 활용하는 방법

지금까지 알칼리 이온수가 왜 좋은지를 살펴보았다. 이제 알칼리 이온수를 효과적으로 사용하는 방법 및 주의할 점에 대하여 살펴보자.

알칼리 이온수를 효과적으로 음용하는 방법에 대해 알아보자. 먼저 기존에 마시는 물 대용으로 마시면 좋다. 알칼리 이온수의 건강개선 효과를 강하게 얻으려면 기존에 먹던 물을 모두 끊고 완전히 알칼리 이온수로 바꿔야 하며 적어도 하루 2L 이상의 알칼리 이온수를 마셔야 한다.

특히 아침에 일어나자마자 공복에 1~2잔 마시면 좋다. 그리고 식전과 식후로 1~2잔 정도 마시면 좋다. 이렇게 관리하면 얼마 지나지 않아 대변, 소변, 땀 등이 깨끗해지는 것을 느낄 수 있

알칼리 이온수가 내 몸을 살렸다

을 것이다. 알칼리 이온수는 강한 이뇨작용이 있어 마시면 금방 소변이 마렵다.

일각에서는 식전·식후에 알칼리 이온수를 음용 시 위산약 $pH1.5$이 중화되어 소화가 안 되니 식전·식후를 피해서 마실 것을 권하기도 한다. 그러나 이는 인체의 항상성을 간과한 주장이라 할 수 있다.

음식물이 위에 있을 때 위산의 농도가 떨어지면 인체는 적정량의 위산을 즉각 배출한다. 때문에 알칼리 이온수가 소화불량에 효과가 있는 것이다. 알칼리 이온수는 식전·식후에 적정한 양의 위산이 배출되도록 돕는다.

심장 기능 이상자의 음용

식약처에서는 심장 기능에 이상이 있는 사람에 대해서는, 알칼리 이온수를 마시는 데 있어 주의를 기할 것을 권한다. 심장기능이 약한 사람은 알칼리 이온수가 아니더라도 갑자기 물을 많이 마시면 혈액순환을 담당하는 심장에 무리를 주게 된다. 그래서 가슴이 답답한 증상이 나타날 수 있기 때문에 물을 마시는 데 신중해야 한다.

이러한 심장기능 이상자가 알칼리 이온수를 마시고자 한다면 한꺼번에 많은 양의 물을 마시는 것은 절대 금하고 천천히 조금씩 자주 마시는 것을 권한다. 심장기능에 이상이 있는 사람이라도 이렇게 조금씩 마시면 심장에 큰 무리를 주지 않기 때문에 안전하게 마실 수 있다.

요리와 원예에 활용하는 알칼리 이온수

알칼리 이온수는 물의 분자 집단이 작아 흡수 및 용해작용이 매우 빠르게 일어난다. 그렇기 때문에 다양한 용도에 활용하면 일반적인 물을 사용할 때보다 더 높은 효과를 낼 수 있다.

때문에 알칼리 이온수는 단지 생수용으로만이 아니라 차 등에 넣어 마셔도 좋다. 커피나 차를 만들 때 알칼리 이온수를 사용하면 감칠맛과 본연의 향을 살려준다. 또한 커피의 경우 쓴맛을 줄여주고 홍차의 경우 떫은맛을 없애준다. 도수 높은 술을 마실 때도 알칼리 이온수로 칵테일을 하면 술맛도 좋을뿐더러 숙취도 줄여준다. 아기 분유를 알칼리 이온수에 타서 먹이면 아이 발육도 좋아질 수 있다.

집에서 밥을 할 때나 요리할 때도 알칼리 이온수를 사용하면 건강에 좋을 뿐 아니라 맛까지 살리는 효과를 얻을 수 있다. 밥을 할 때 알칼리 이온수를 사용하면 확연한 차이를 느낄 수 있다. 알칼리 이온수로 쌀을 불려 밥을 하면 윤기가 자르르 돌고 밥도 찰지고 맛있게 된다.

국물요리도 알칼리 이온수를 사용하면 국물의 맛이 좋아지며, 각종 반찬을 만들 때도 알칼리 이온수를 사용하면 본연의 맛과 색깔을 살릴 수 있으며 신선도도 오래간다. 육류나 생선요리에도 알칼리 이온수를 사용하면 비린내는 줄이고 고기가 연해져 맛있게 된다.

이 외에 식물을 기를 때도 알칼리 이온수를 활용하여 유익한 결과를 얻을 수 있다. 선물로 받은 꽃다발이나 꽃바구니를 알칼리 이온수에 담가 놓으면 꽃이 오래간다.

씨앗을 파종할 때 알칼리 이온수에 담갔다가 파종하면 발아율이 높아진다. 관상수에 알칼리 이온수를 사용하면 토양을 중화시켜 성장을 촉진시키는 효과를 얻을 수 있다. 하지만 식물 중에는 산성을 좋아하는 꽃도 있으므로 주의해야 한다.

세안과 세척에 활용하는 산성 이온수

전기분해식 이온수기는 알칼리 이온수뿐만 아니라 산성 이온수도 만들어낸다. 알칼리 이온수를 식용으로 사용할 수 있다면 산성 이온수는 세정이나 식기 세척용으로 사용할 수 있다.

기성 세제는 피부에 좋지 않을 뿐 아니라 건강에도 좋지 않다는 사실이 이미 널리 알려져 있다. 반면 산성 이온수는 피부나 건강에 해를 끼치지 않으면서도 세정작용을 해낼 수 있어 훌륭한 대안이 될 수 있다.

산성 이온수에는 수소이온 외에도 염소이온, 황이온과 같이 살균작용과 세정작용을 하는 음이온 물질들이 있다. 염소이온은 표백작용을 갖고 있어, 산성 이온수로 세안을 하면 피부가 윤기나고 매끄러워지며 화장이 잘 받는 상태가 된다. 무엇보다 살균작용이 있으므로 피부가 세균에 의해 감염되는 것을 막아준다.

사람의 얼굴 피부는 약산성을 띠고 있기 때문에 산성 이온수는 피부에도 맞는 타입이다. 비누의 경우 알칼리성이기 때문에 피부의 보호막을 상하게 하는 측면이 있다. 따라서 산성 이온수를 비누 대신 사용하면 인체에 해를 끼치지 않으면서도 세정 효과를 거둘 수 있다.

산성 이온수는 '수렴 기능'이 있는데, 이는 일본의 후생성에서 공식적으로 인정하고 있는 기능이다. 수렴 기능이란 피부 세포막의 투과성을 감소시켜 피지 분비를 억제하는 것이다. 이 때문에 산성 이온수를 수렴 화장수 대용으로도 사용할 수 있다. 또 일본의 후생성에서는 산성 이온수를 아스트리젠트로 인정하고 있기도 하다.

우리나라 식약청에서도 산성 이온수의 아스트리젠트와 수렴 기능을 인정하고 있다. 그러나 알칼리 이온수기는 의료기기인 반면 아스트리젠트는 화장품과 관련된 효과이니, 내수용에 표기하는 것은 바람직하지 않으며 수출용에는 표기해도 된다는 유권 해석을 내린 바 있다.

한국도 과거 의료기기 인증을 보건복지부에서 관리할 때는 알칼리 이온수기를 홍보할 때 산성 이온수의 효과로 아스트리젠트와 수렴 기능을 표기하는 것을 허용해주었다. 그러나 의료기기 인증 업무가 식약처로 이관된 이후에는 내수용 의료기기에 화장품과 관련된 기능을 적는 것이 불가능해졌다. 어찌 됐든 산성 이온수는 아스트리젠트와 수렴 기능이 있다는 입장이다.

산성 이온수로 머리를 감으면 머릿결이 부드러워질 뿐 아니라 탈모까지 예방하는 효과를 얻을 수 있다. 면도 후에 스킨 대신 산성 이온수를 바르면 소독의 효과를 얻을 수 있다. 목욕할 때 산성 이온수를 사용하면 피부를 부드럽고 탄력있게 만들어줄 것이다.

산성 이온수로 양치질을 하면 입냄새 제거에도 도움을 얻을 수 있다. 또한 호흡기 질환 예방에도 좋은 효과를 거둘 수 있다. 그 외 땀띠나 습진, 무좀에도 산성 이온수를 바르면 살균효과를 얻을 수 있다.

한편 산성 이온수로 식기를 세척하면 살균효과를 얻을 수 있다. 산성 이온수는 살균효과가 있어 청소와 설거지를 비롯, 각종 세정 과정에 활용하기에 매우 좋다. 식물의 병충해 예방을 위해 산성 이온수를 식물의 잎에 뿌려도 좋다.

알칼리 이온수가 내 몸을 살렸다

알칼리 이온수기에 대한 이해

알칼리 이온수를 제대로 마시려면 먼저 알칼리 이온수기에 대한
이해가 필요하다. 여기에서는 이온수기 시장 1위를 차지하고 있
는 바이온텍의 제품을 중심으로 이온수기에 대한 이해를 돕고자
한다.

　다음의 이미지는 현재 시판되고 있는 바이온텍의 대표적인
이온수기 제품인 BTM-1800 모델이다. BTM-1800 외에도 바이
온텍의 이온수기들은 대부분 위와 같은 모양을 하고 있다.

▲ 바이온텍의 알칼리 이온수기 BTM-1800

알칼리 이온수기의 내부 구조

일반적으로 이온수기에서는 정수, 알칼리 이온수, 산성 이온수 등 총 3가지의 물을 얻을 수 있다. 알칼리 이온수의 경우 pH 농도를 총 5단계로 조절할 수 있고 산성 이온수의 경우 총 2단계로 pH 농도를 조절할 수 있다.

정수는 일반 정수기에서 얻을 수 있는 물과 같은 것인데, 알칼리 이온수와 산성 이온수를 사용하기 어려운 상황에서 사용할 수 있도록 만들어진 것이다. 알칼리 이온수를 사용하기 어려운 상황으로는 알약 등 의약품을 먹거나 마시는 상황 등이 있다.

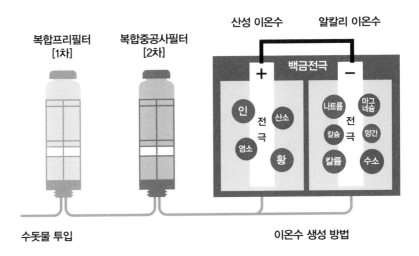

▲ 알칼리 이온수기의 내부 구조

　이온수기 내부에서는 다음과 같은 구조로 알칼리 이온수와 산성 이온수가 생성된다. 우선 수돗물이 이온수기 내부로 투입되면 복합프리필터와 복합중공사필터를 거쳐 정수된 물이 만들어진다.

　이후 이 물은 전기분해가 이뤄지는 전해조로 이동한다. 전해조 안에는 전기가 통하는 양극과 음극이 설치되어있어 알칼리성 이온수와 산성 이온수를 생성한다. 바이온텍 이온수기의 전기분해 전해조의 전극은 백금PT이 도금되어있어 뛰어난 이온화 성능을 보인다.

전해조에서 정수된 물은 사용자가 'ON/OFF' 버튼을 누르면 분당 알칼리 이온수, 산성 이온수 합계 1.0~1.5L의 속도로 연속하여 출수된다.

이온수기에서 정수 기능을 하는 1차 복합프리필터와 2차 복합중공사필터는 주기적으로 교체해주어야 한다. 바이온텍의 알칼리 이온수기는 이용자의 물 사용량을 정산해 교체시기를 예측, 제품 표시창에 음성과 문자로 안내하는 기능이 있다.

또 기기 내에 IoT 기능이 탑재되어 자동으로 바이온텍 본사에 신호를 보낸다. 그러면 본사의 워터 매니저가 고객에게 연락을 해서 교체 스케줄을 말해준다.

활성산소를 녹이는 수소수기

알칼리 이온수기에 대한 얘기를 하면서 수소수기에 대한 얘기를 빼먹을 수는 없다. 수소수는 최근 이슈가 되는 물로 떠오르고 있는데, 아직 우리나라에서는 조심스러운 상황이지만 머지않은 미래에 충분히 이슈가 될 것으로 보인다.

수소는 강한 환원력을 지녀 활성산소를 제거하면서도, 모든 원자 중 가장 작은 물질이기에 침투력이 강하다. 예를 들어 우리가 음식물을 먹으면 영양소가 혈액을 통하여 세포로 전달되지만, 수소는 위벽에서부터 위벽 세포를 뚫고 온 몸에 침투해버린다. 이 때문에 우리 몸에 흡수되는 속도가 매우 빨라 그만큼 효과도 빠르게 볼 수 있다.

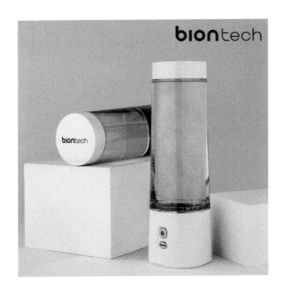

▲ 바이온텍의 수소수기 BTH-101T

바이온텍은 수소수의 가능성을 내다보고 수소수와 관련된 제품도 내놓았다. 바이온텍의 텀블러형 수소수기 BTH-101T 수소수 생성기는 대표적 수소수기이다. 이 제품은 텀블러 형식으로 되어있어 간단하게 물을 수소수로 만들어 휴대하고 다니면서 마실 수 있게 설계되어있다. 이렇게 수소수를 마시게 되면 항산화 효과는 물론이고 수분을 충전하고 노폐물을 배출하는 데 효과를 볼 수 있다.

5장

치유의 효과와 증언

죽음의 고통 과민성대장증후군의 호전

알칼리 이온수는 나 외에도 수많은 사람의 인생을 바꿔놓았다. 모두가 나처럼 위장병을 고친 것은 아니다. 위장병 외에도 다양한, 어쩌면 더 심각하다 할 질병을 고친 경우가 많다. 알칼리 이온수는 그 활용방법에 따라 우리가 알고 있는 난치성 질환의 치료에까지 이용될 수 있기 때문이다.

지금부터 놀라운 알칼리 이온수의 치유 이야기가 펼쳐질 것이다. 마음을 활짝 열고 알칼리 이온수로 인생이 바뀐 이들의 생생한 사연을 따라와주기 바란다.

죽기 직전까지 몰고 간 과민성대장증후군

서울에 사는 70대 후반의 여성인 도○○ 씨는 지독한 과민성대장증후군을 앓고 있었다. 밥만 먹었다 하면 속이 끓기 시작하여 화장실을 들락거린다. 그렇게 속에 있는 게 다 빠져나가면 지독한 허기와 함께 어지럼증이 찾아온다. 이때 무엇이라도 먹지 않으면 쓰러질 것 같아 할 수 없이 꾸역꾸역 먹게 된다. 그렇게 먹고 나면 다시 속이 끓기 시작하며 악순환이 되풀이된다.

도 씨는 이런 증상을 개선하기 위해 해보지 않은 것이 없다. 양방병원부터 한방병원, 온갖 민간요법까지 할 수 있는 것은 다 해보았다. 위내시경, 대장 내시경을 해도 특별한 이상 징후가 나오지 않으니 병원에서 해줄 것이라곤 당장 급한 불을 꺼주는 위장약 처방밖에 없었다.

처음에는 약을 먹고 나면 잠시 좋아지는 느낌이 들어 계속 약을 복용했으나 나중에는 약도 소용없는 지경까지 가고 말았다. 이런 사정은 민간요법도 마찬가지였다. 처음 할 때는 조금 효과가 있는 듯했으나 시간이 지나면 이내 과민성대장증후군 증상이 발동하고 말았다.

도 씨에게 위기가 더해진 것은 건강검진에서 유방암 진단을

●

207

받으면서부터다. 도 씨는 나이가 있고 심장병이 있는 관계로 수술은 위험하다고 해 자연요법을 선택할 수밖에 없었다. 자연요법이란 게 육식은 피하고 자연식만 먹는 요법이다보니 처음에는 과민성대장증후군 증상 개선에도 도움이 되는 듯했다.

하지만 자연요법은 자연 채식 위주의 식단이라 칼로리 섭취가 어려워 든든할 때까지 먹어주는 것이 아주 중요하다. 그런데 도 씨는 암으로 인해 먹는 것이 자유롭지 못하니 많은 양의 채식을 섭취하기도 어려웠다. 몸은 점점 말라가고 급기야 과민성대장증후군까지 재발하여, 이러다 죽는 것이 아닌가 하는 위기의 순간까지 가고야 말았다.

과민성대장증후군을 날려버린 알칼리 이온수

그 위기의 순간 도 씨에게 찾아온 것이 바로 알칼리 이온수였다. 자연요법 병원에서 이런저런 방법을 써도 과민성대장증후군이 나아지지 않았는데, 마지막으로 권유받은 방법이 알칼리 이온수를 먹어보라는 것이었다. 도 씨는 지푸라기라도 잡는 심정으로 알칼리 이온수를 먹기 시작했다.

그런데 이게 웬일인가? 온갖 몸에 좋은 식품을 먹어도 좋아지지 않던 과민성대장증후군 증상이 조금씩 나아지는 기미를 보이기 시작한 것이다. 그렇게 도 씨는 알칼리 이온수를 열심히 먹었고 밥을 할 때나 음식을 만들 때도 알칼리 이온수를 사용하여 요리해 먹기도 했다.

도 씨의 얼굴에 점점 생기가 돌고 살도 붙기 시작했다. 그러기를 2개월여, 도 씨를 괴롭히던 과민성대장증후군 증상이 온데간데없이 사라지고 말았다. 사람이 아플 때는 죽을 것 같지만 낫고 나면 언제 그랬냐는 듯 활기 있게 살아가기 마련이다. 도 씨가 딱 그랬다.

유방암에서도 해방되다

더 기쁜 소식은 암 검사를 하니 유방암 조직의 사이즈까지 줄어들었다는 결과를 받은 것이었다. 물론 도 씨의 암 사이즈가 줄어든 원인이 알칼리 이온수 때문이었다고 장담할 수는 없다. 도 씨는 암 치료를 위해 여러 자연요법을 병행하고 있었기 때문이다.

하지만 장담할 수 있는 것은 도 씨의 과민성대장증후군 치료에 알칼리 이온수가 도움이 되었다는 부분이다. 도 씨는 과민성대장증후군 치료를 위해 온갖 노력을 했음에도 효과를 보지 못했으나 알칼리 이온수를 마시고 비로소 나아지는 기적을 체험하게 되지 않았는가?

●

이제 도 씨는 알칼리 이온수가 자신의 인생을 바꿨다고 이야기할 만큼 알칼리 이온수 예찬론자가 되었다. 물 하나가 사람의 인생을 바꿀 수 있다. 질병의 고통을 조금이라도 경험해본 사람이라면 도 씨의 말을 천 번, 만 번 이해할 것이다.

위산과다, 소화불량, 만성설사, 장내이상발효 개선 도움

알칼리 이온수는 여러 질환의 개선이나 치료에 분명 도움이 되는 것으로 여겨지지만 아직 그 내용들이 의학적으로 검증되지 않은 것은 사실이다. 의약품이나 식품이 질병의 치료에 도움이 된다는 사실을 의학적으로 인정받기 위해서는 '임상'이라는 단계를 거쳐야 하기 때문이다.

임상의 과정은 복잡하고 긴 시간을 필요로 한다. 또 비용이 많이 들어가므로 어떤 기업이 나서서 임상적 검증을 받는 데 상당한 투자를 해야 한다. 때문에 알칼리 이온수가 구체적 질환에 도움을 주는 것은 분명해 보이는데도 불구하고 이를 임상으로 인정받기는 쉽지가 않다.

우리나라의 경우 식약처가 임상 과정을 감독하고 관리하는데, 매우 까다로운 절차를 거쳐 검증이 이뤄진다. 먼저 임상을 의뢰하는 기업은 임상시험계획을 제출해야 한다. 계획이 통과되면 임상을 진행할 병원이 선정되어 실제 실험이 이뤄지게 된다.

물론 처음부터 위험을 감수하며 사람에게 시험할 수는 없으므로 동물을 대상으로 한 시험을 하게 된다. 그리고 동물에게 적용했을 때 위험성 없이 효과를 보았다면 비로소 사람에게 임상시험을 할 수 있게 된다.

적어도 3번은 이러한 임상의 과정을 거쳐야 비로소 식약처로부터 허가를 받게 되는데, 이 모든 과정에 소요되는 시간과 비용이 장난 아니다. 그러니 웬만한 규모의 회사가 아니면 임상시험에 뛰어들기조차 힘들다.

다행히도 알칼리 이온수는 네 개의 위장 관련 질환에 대해서는 치료효과가 있다는 것을 식약처로부터 인정받았다. 그 네 가지 질환은 '위산과다, 소화불량, 만성설사, 장내이상발효'이다.

이 네 가지 분야의 질환에 대해서는 알칼리 이온수가 단순한 건강기능식품이 아니라 의약품과 같은 지위를 얻었다는 것을 뜻한다. 때문에 알칼리 이온수를 만들어내는 알칼리 이온수기도 의료기기로서 인정받을 수 있다. 특히 바이온텍에서 만들어내는 알칼리 이온수기는 식약처 산하기관인 한국의료기기안전정보원으로부터 '2등급 의료기기'로 인정받은 제품이기도 하다.

위산과다 개선에 도움을 주는 원리

여기서는 알칼리 이온수가 어떤 기전으로 네 가지 질환을 치료하는 효과를 드러내는지 설명하겠다.

위산과다의 경우 위에서 분비되는 위산이 과다하게 분비되어 위벽이나 식도에 자극을 줌으로써 속이 쓰린 증상을 일으키는 대표적 위장병 중 하나이다.

위산과다 증상이 발병하면 대개 제산제를 복용하여 치료하게 된다. 제산제의 걸쭉한 성분은 알칼리성 현탁액으로 이루어져 있어 강한 산성을 띠는 위산을 중화시킨다.

그런데 이러한 제산제는 위급할 때 한두 번 복용하는 것은 괜찮으나 장기간 복용할 시 설사, 변비, 영양결핍 등 부작용이 만만치 않다는 문제가 있다.

이때 제산제 대신 알칼리 이온수를 마시면 이것이 제산제와 같이 위산을 중화시키는 역할을 하게 되므로 위산과다의 증상 개선에 도움을 줄 수 있다.

●

무엇보다 제산제는 일시적으로 위산을 중화시켜주는 반면, 알칼리 이온수는 단순한 위산의 중화를 넘어 인체 전체의 체질을 개선시켜 줌으로써 근본적 치료를 해준다는 점에서 차이가 있다.

소화불량 개선에 도움을 주는 원리

소화불량은 한번쯤 겪어보지 않은 사람이 없을 정도로 대표적인 위장병 중 하나이다. 소화불량에는 음식을 먹은 후 소화가 되지 않는 느낌이 들어 불편하게 되는 모든 증상이 포함된다. 복부에 불쾌감이 들면서 복부 팽만감이 나타날 수 있으며, 잦은 트림과 구토, 속쓰림 증상이 나타날 수 있다.

이러한 소화불량의 원인은 일시적 스트레스로 인한 장운동의 장애 때문일 수도 있다. 그러나 장기간 계속된다면 염증이나 그외 다른 심각한 질환 때문일 수 있기에 조심해야 한다.

그렇다면 알칼리 이온수는 어떤 원리로 소화불량의 개선에 효과를 나타내는 걸까? 소화불량이 일어났다는 것은 위장의 위산 배출에 문제가 생겼음을 뜻한다. 우리가 음식을 먹으면 바로바로 위산이 배출되어 음식물이 소화된 뒤 다음 단계로 넘어가야 하는데, 위산 배출이 제때 이뤄지지 않으니 소화 시간도 길어지고 위장이 지치는 것이다.

이때 알칼리 이온수를 마시면 위장의 기능을 회복시키는 데 도움이 된다. 사람들은 흔히 알칼리 이온수에 의해 위산이 중화되어 소화장애를 더욱 심화시킬 것이라고 생각하나 이것은 우리 몸의 항상성을 간과한 오해이다. 위장에 알칼리 이온수가 들어오면 위산 배출 기능이 더욱 활성화되어 마시지 않았을 때보다 더욱 원활하게 소화작용이 일어난다.

또 한 가지 소화불량을 일으키는 원인으로는 '혈액순환 장애'를 살펴볼 수 있을 것이다. 혈액순환 장애가 일어날 경우 위장으로 제때에 산소와 양분이 공급되지 않아 소화불량 증상이 나타날 수 있다.

혈액순환 장애가 나타나는 원인 중 하나는 혈액의 산도가 깨지기 때문이다. 정상적인 혈액은 pH 7.4 정도의 약알칼리성을 띤다. 그런데 현대인들은 여러 가지 요인으로 인해 혈액 내에 산성도가 높아져 있는 것이다. 이런 상황에서 알칼리 이온수가 몸에 들어가게 되면 혈액의 pH 균형을 정상으로 돌려주면서 소화불량 개선에도 도움을 준다.

만성설사 개선에 도움을 주는 원리

알칼리 이온수는 만성설사의 개선에도 도움을 주는 것으로 밝혀졌는데, 어떤 원리로 만성설사 증상을 개선할 수 있는 것일까? 설사가 일어나는 이유는 여러 가지가 있겠지만 장내 환경에 독성 물질이 많이 생긴 것이 가장 큰 원인 중 하나라고 할 수 있다.

대변은 대장을 지나면서 수분이 흡수되어 바나나 모양의 변으로 변하게 되는데, 이때 수분에 독성물질이 가득하다면 대장은 위협을 감지하고 수분의 흡수를 거부하게 된다. 이렇게 대장으로부터 수분 흡수가 이뤄지지 않는 대변은 대장을 빠르게 통과해 액체에 가까운 형태로 배설될 수밖에 없는데 이것이 곧 설사다.

그렇다면 왜 대변에 독성물질이 발생하는 것일까? 일단 외부로부터 상한 음식 등 독성물질이 있는 음식을 먹은 경우가 있을 것이다. 이런 경우에는 몇 차례의 설사를 한 뒤 독성물질이 배출되면 변이 정상으로 돌아오게 된다.

문제는 장 내부에서 독성물질이 발생하는 경우다. 바이러스나 박테리아 같은 독성물질이 대장 내에 자리를 잡아 증식하는 경우 대장은 계속해서 독성물질을 감지하여 흡수를 거부하게 된다. 설사의 원인이 과민성대장증후군이거나 궤양성 병변이 아닌 이상 설사 증상이 만성적으로 이어진다면 대개 이런 상황인 경우가 많다.

기본적으로 인체는 음식물에 약간의 오염이 있을지라도 위산을 분비하여 소독하게 된다. 그런데 독성물질이 소독되지 않은 채로 대장까지 갔다는 것은, 위산이 독성물질이 있는 곳까지 전달되지 않았거나 독성물질에 위산이 통하지 않았기 때문이라고 할 수 있다.

이때 정답은 알칼리 이온수를 많이 마셔 소화기관에서 염증과 독성물질을 몰아내는 것이다. 본디 소장에서는 누런 담즙이 분비되어 음식의 부패를 예방한다. 때문에 건강한 사람의 변은 황갈색이 된다. 알칼리 이온수를 마시면 담즙 분비 기능이 활발해져 음식물이 대장으로 가기 전에 염증과 독성물질을 소독할 수 있다.

또한 알칼리 이온수는 산성 물질인 위산과는 다른 소독 기전을 지녔기에 대장 안에서 독성물질을 몰아낼 가능성이 높다. 또한 신체에서 분비되는 위산과 달리 알칼리 이온수는 필요한 만큼 마실 수 있어 독성물질이 있는 곳까지 충분히 전달될 수 있다.

장내이상발효 개선에 도움을 주는 원리

장내이상발효란 장내 유익균과 유해균 등 장내 미생물의 정상 비율이 깨지면서 발효 작용을 일으키는 발효균의 수가 많아질 때 발생하는 질환이다. 여기에서 발효란 장내균이 영양소를 분해하며 가스 등 특정 물질을 배출하는 과정을 뜻하는데, 발효균들은 이러한 발효의 과정을 통하여 개체수를 늘려나가게 된다.

발효균의 과다 증식은 유해균과 유익균의 정상 비율이 깨졌을 때 발생하게 된다. 인체의 장에는 수많은 세균이 존재하고 있는데, 그들은 유익균과 중간균, 유해균으로 나눌 수 있다. 그러나 유익균이라 하여 무조건 많다고 좋은 것이 아니고 유해균이라 하여 아예 없다고 좋은 것이 아니다. 유익균과 중간균, 유해균이 황금비율을 이루고 있을 때 장이 건강할 수 있다.

흔히 발효는 인체에 해롭지 않거나 유익한 물질을 만들어낼 때 사용하는 용어다. 만약 어떤 세균이 영양소를 분해하는 과정에서 인체에 해로운 물질을 만들어낸다면 이는 발효라 하지 않고 부패라고 표현할 것이다. 즉 발효는 원래대로라면 정상적인 소화작용의 범주에 포함되는 작용이다.

문제는 이러한 발효균의 숫자가 너무 많아져 발효 작용이 과도하게 일어나 소화불량 증상을 일으키는 데 있다. 장내이상발

알칼리 이온수가 내 몸을 살렸다

효 현상이 일어나면 가스 참, 헛배부름, 복부 불쾌감, 악취성 방귀, 설사와 같은 증상 등이 나타날 수 있다.

알칼리 이온수는 장내이상발효에도 큰 효과를 보인다. 기본적으로 알칼리 이온수를 대량 음용하면 몸속 활성산소를 제거하고 위에서 위산을 분비시키고 담즙 분비를 원활하게 하여 음식물을 완벽하게 소화시킨다.

이렇게 되면 장내 음식물의 부패가 예방되어 장내 생태계가 안정된다. 또 알칼리 이온수는 장내의 각종 세균을 소독하고 몰아내게 되는데, 이때 과도하게 증식된 발효균의 숫자를 줄일 수 있다.

만성 변비를 개선해 삶의 질 향상

알칼리 이온수의 치휴효과에 대하여 식약처에서 인정하고 있는 부분은 소화기능과 관련된 4대 질환밖에 없다. 하지만 알칼리 이온수는 아직 임상으로 밝혀지지 않았을 뿐이지, 수많은 질환의 개선에 효과가 있다는 것이 실제 체험으로 나타나고 있다.

삶의 질을 해치는 변비

건강한 변을 보는 것은 삶의 질과 직결된 문제이기도 하다. 그만큼 배변활동은 우리의 삶에서 중요한 부분을 차지한다. 그러나 현대인은 각종 스트레스와 불규칙한 식습관, 자극적인 음식 등의 영향으로 건강한 변을 보지 못하는 사람들이 많다.

건강한 변은 갈색 또는 황금색을 띠면서 바나나 모양을 한 것이다. 만약 대변의 모양이나 색깔은 괜찮은데, 규칙적으로 배출되지 않는다면 이것 또한 배변활동이 건강하다고는 보기 힘들다. 가장 건강한 배변활동은 건강한 모양과 색의 변을 매일 일정한 시간에 배출하는 것이다.

배변은 매일은 아니더라도 이틀에 한 번은 이뤄져야 한다. 그러지 않으면 몸속의 대변이 장기에 부담을 준다. 배변 주기가 일주일에 2회 이하인 경우 이를 변비라 하는데, 현대인 중에는 변비로 인해 고생하는 사람들이 많다.

변이 제때에 배출되지 않으면 점점 변에 포함된 수분이 흡수되어 변은 딱딱해진다. 변이 잘 배출되기 위해서는 윤활유 역할을 해줄 수 있는 적당한 수분기가 있어야 하는데 변이 딱딱해져 버리면 더욱 변비가 심해지는 악순환이 되풀이될 수밖에 없다.

변비는 다양한 부대증상을 동반하기도 한다. 우선 변을 배출하는 과정에서 힘이 과도하게 들어가 항문 파열이 일어날 수 있다. 또한 복부팽만감, 복통, 하복부 불쾌감 등이 생기는데, 이 고통은 경험해 보지 않은 사람은 알 수 없을 정도로 극심하다. 그래서 변비 환자들은 기본적으로 삶의 질이 급격히 떨어질 수밖에 없다.

이러한 변비 환자들은 시간이 지날수록 점점 늘어나고 있다. 건강보험심사평가원은 매년 질환별 환자 수를 발표하고 있는데 변비 환자 수를 보면 2011년 57만 9,000명에서 2015년 61만 6,000명, 2020년 63만 6,000명으로 꾸준히 증가해온 것을 알 수 있다.

문제는 이러한 변비가 병원 치료를 받아도 잘 낫지 않는다는 사실이다. 오늘날 변비에 관한 병원의 치료 방법은 거의 약물에 의존하고 있다. 그러나 이 약물이 변비 증상만 개선해줄 뿐 근본 치료를 해주지 못한다. 그렇기에 변비는 늘 앓는 사람이 또 앓는 구조를 갖고 있다.

알칼리 이온수로 변비를 해결하다

다음은 고前서울대 의대 교수이자 내과 과장, 서울삼성의료원장, 대통령 주치의를 역임한 최규완 의학박사가, 전무식 박사와 함께 학회에 발표한 변비 개선 사례이다.

최규완 박사는 서울대병원에 근무할 당시 만성 중증 변비환자4~30년 병력 8명을 대상으로 약 4주간 알칼리 이온수를 마시게 한 뒤 대상자들의 배변 횟수 변화를 측정했다. 주당 배변 횟수가 2회 이하였던 환자들에게 4주 동안 매일 1.5L씩, 4°C 이하로 차게 한 pH8.5의 알칼리 이온수를 마시게 하였다.

그랬더니 8명 중 6명은 배변 횟수가 늘어날 뿐만 아니라 배변할 때의 불쾌감도 없어지는 등 변비 증상이 좋아진 것으로 나타났다. 정확히는 주당 배변 횟수가 치료 전에는 평균 1.4회이던 것이 치료 후에는 2.7회로 늘어난 것이다. 배변 횟수만 놓고 보더라도 4주 만에 약 2배가 늘어난 수치이므로 유의미한 효과가 있다고 볼 수 있다. 검사 결과 배변 횟수뿐 아니라 음식물이 장을 통과하는 시간도 빨라진 것으로 나타났는데, 이는 알칼리 이온수가 변비에 효과가 있음을 입증하는 또 하나의 증거다.

물론 주당 2.7회의 배변 횟수는 여전히 정상인의 배변 횟수에는 못 미치는 수치이긴 하다. 하지만 이것은 불과 4주간 치료한 결과라는 사실임을 감안할 때 좀 더 장기적으로 치료할 경우 효과가 있을 것이라는 예상은 어렵지 않게 할 수 있다.

알레르기와 아토피에 효과를 보이다

면역체계의 오작동으로 발생하는 알레르기

우리 주변에는 알레르기로 고생하는 사람들이 의외로 많다. 알레르기란 특정 물질에 노출되었을 때 몸의 면역체계에 비정상적인 반응이 일어나는 질환을 뜻한다. 주로 눈, 코, 피부, 호흡기관 등에 증상을 일으키는데, 심각할 경우 결막염, 비염, 피부염, 만성 가려움증, 만성 기침 등을 야기할 수 있다.

문제는 알레르기 질환 역시 병원 치료로 잘 개선되지 않는 만성질환이라는 점이다. 그래서 알레르기는 한 번 걸리면 평생 고생하는 병으로 인식되기도 한다.

우리나라의 알레르기 환자 수는 어느 정도나 될까? 놀랍게도 알레르기 환자 수는 변비와 비교가 되지 않을 정도로 많은 것으로 알려져 있다. 2021년 기준 알레르기 비염 환자 수만 해도 490만 명이 넘는 것으로 나타난다. 전 국민의 10%가 알레르기 비염으로 고생하고 있다는 뜻인데, 비염이 아닌 다른 알레르기 증상까지 포함하면 얼마나 많을지 추산도 되지 않는다.

초콜릿과 캔디를 먹고도 알레르기가 개선되다

하야시 박사가 쓴 『물과 우리생활』에서는 여러 알레르기 피부질환 환자에게 알칼리 이온수를 적용한 임상 결과들을 이야기하고 있다.

텍사스 인스톨먼트의 기술연구원으로 일하고 있던 B박사는 자신뿐 아니라 아내와 6살 난 아이까지 오랫동안 알레르기로 고통받고 있었다. B씨는 이러한 알레르기의 고통에서 벗어나기 위해 알레르기를 유발하는 초콜릿, 아이스크림, 캔디 등의 섭취를 제한하는 방법을 취하고 있었다. 이 방법은 조금 효과를 보이기도 했지만 온 식구가 먹을 것을 가려야 하니 스트레스를 유발하는 한계가 있었다.

이에 의사는 B씨에게 알칼리 이온수의 효능에 대한 과학적 이론을 소개하며 알칼리 이온수를 음용할 것을 권했다. B씨는 물리학 박사답게 알칼리 이온수에 대한 과학적 원리를 곧 이해했으며 온 가족이 알칼리 이온수를 섭취하기 시작했다.

그로부터 2개월 후 B씨 가족의 알레르기 증상은 거의 호전되었다. 무엇보다 놀라운 것은 아이가 좋아하는 초콜릿과 캔디를 먹고도 알레르기로 고생하지 않게 된 사실이었다.

재채기와 여드름이 줄어든 18세 학생

알레르기 비염으로 고통받는 사람 중에는 젊은 층도 많다. 『물과 우리생활』에 소개되는 한 18세 학생은 하루 종일 재채기와 코막힘 등의 알레르기 비염 증상으로 공부도 제대로 하지 못하는 상태였다. 이를 보다 못한 어머니는 알레르기 비염의 원인을 찾아 헤매었고 아이가 워낙 패스트푸드를 좋아해 몸이 산성이 된 것이 원인이라는 결론을 내렸다. 그러다 수소문 끝에 알칼리 이온수가 알레르기 비염에 효과가 있다는 소문을 듣고는 당장 아이에게 알칼리 이온수를 먹이기 시작했다.

그렇게 알칼리 이온수를 먹은 지 3주째가 지나니 콧물과 재채기가 많이 줄어든 것이 느껴졌다. 게다가 학생은 여드름도 많은 상태였는데 여드름까지 좋아지는 체험을 하고는 알칼리 이온수 마니아가 되었다.

온몸이 가려운 증상이 사라진 C씨

『물과 우리생활』에 소개되는 캘리포니아에 살고 있던 70대 남성 C씨는 어느 날부터 갑자기 온몸이 가려운 증상이 나타나기 시작했다. 처음에는 팔에서부터 시작하여 다리, 배 등으로 퍼져나가 괴로움이 이만저만이 아니었다. 온갖 방법을 다 써보았으나 가려움증은 좀처럼 잦아들 기미가 보이지 않았다.

그즈음 주변으로부터 알칼리 이온수를 먹어보라는 권유를 받고 지푸라기라도 잡는 심정으로 알칼리 이온수를 자기 전에 음용하기 시작했다. 그렇게 2주 이상 하루도 빠짐없이 복용한 결과 놀랍게도 그 고통스러웠던 가려움증이 씻은 듯이 사라졌다.

비염과 당뇨병이 나아진 D씨

『물과 우리생활』에 소개되는 D씨는 평소 하도 코를 많이 푼 까닭에 코가 헐어서 항상 벌겋게 될 정도로 알레르기 비염이 심한 상태였다. 그러다 미국에 살고 있는 딸을 만나러 갔는데 사위로부터 알칼리 이온수를 먹어보라는 권유를 받게 되었다. 그렇게 하루 2번 아침과 자기 전에 알칼리 이온수를 한 달 정도 꾸준히 섭취하였는데 놀라운 일이 일어났다.

섭취 후 처음 3주간은 코가 벌겋게 된 증상이 얼굴 위로 타고 올라 머릿속까지 벌겋게 되는 등 피부염이 더 심해지는 것 같아 놀랐다. 그러나 D씨는 이것이 명현반응 건강이 호전되면서 나타나는 일시적 반응이라 생각하고 계속 알칼리 이온수를 복용한 결과 이틀 후부터 증상이 개선되기 시작했다.

그리고 한 달여가 되었을 때 그토록 괴롭히던 비염이 없어졌을 뿐만 아니라 평소 지병으로 앓고 있던 당뇨병도 혈당이 정상이 될 정도로 개선되는 기적이 일어났다.

온몸에 가려움증과 통증이 사라진 P씨

다음은 2001년 9월 3일 TV 프로그램 SBS 「아는 것이 힘이다」에 소개된 아토피성 피부염 치료 사례이다. 수의사인 P씨는 고등학생 때부터 피부가 가렵기 시작해 병원을 찾았는데 아토피, 알레르기, 피부진균, 세균성피부염 등 복합 진단을 받게 되었다.

한번 증상이 일어나면 온몸이 벌겋게 되면서 가려움증이 밀려오는가 하면 손끝에서 발끝까지 생기는 통증으로 잠을 이루지 못할 정도였다. 이런 고통을 겪으면서 대학을 졸업하고 동물병원 원장까지 되었지만 아토피성 피부염은 여전히 계속되고 있었다. 온갖 병원과 약국을 다니며 시간과 돈을 들여 치료를 했지만 나아지지 않았다.

그러던 어느 날 TV에서 고등학교 은사가 나와 알칼리 이온수를 생성하는 이온수기에 대해 설명하는 모습을 보고 그 제품을 구입하여 알칼리 이온수를 마시기 시작했다. 목마를 때나 식사 후에 열심히 알칼리 이온수를 마셨고, 음식과 밥을 할 때도 알칼리 이온수를 사용했다.

그렇게 알칼리 이온수를 마시는데 어느 날 온몸에 각질이 일어나면서 뭔가 변화가 일어나고 있다는 느낌을 받게 되었다. 그리고 각질이 사라진 후부터 놀랍게도 거의 20여 년간 괴롭히던 아토피성 피부염이 사라지게 되었다. 한두 달 만에 일어난 기적이었다.

도시 아이들에게 잘 나타나는 아토피

아토피의 정식 명칭은 아토피성 피부염으로 심하게 가려운 증상을 동반하며 잘 낫지 않기로 유명하다.

아토피는 주로 도시의 아이들에게서 잘 나타난다. 아이의 아토피가 병원치료로 잘 낫지 않아 시골로 이사를 가는 부모들도 흔치 않게 볼 수 있다. 그 정도로 아토피는 도시에서 주로 생기는 병이라 할 수 있다.

●

아토피는 왜 도시에서 생기는 질환일까? 이것은 어렵지 않게 답을 얻을 수 있는 질문이다. 도시에는 시골에 비해 인간에게 해로운 유해물질들이 많이 배출되고 인간이 그것의 공격을 받기 때문이다.

그렇다면 유해물질들은 어떻게 아토피를 일으키는 것일까? 몸속으로 들어온 유해물질들은 수분을 타고 온몸으로 흐르게 된다. 그리고 각각의 세포에 달라붙어 정상세포를 오염시킨다.

이때 면역세포들은 오염된 세포들을 마치 외부에서 침투한 유해균으로 착각하여 공격하는 자가면역질환을 일으킨다. 면역세포의 공격을 받은 피부세포는 각종 염증을 일으키며 가렵고 발진하는 증상을 나타내는데, 이것이 바로 아토피다.

그런 점에서 아토피 역시 알레르기와 같은 면역질환의 한 종류임을 알아야 한다. 애초에 면역체계의 오작동으로 인해 생긴 질병인지라 일반적인 방식의 치료효과를 기대하기가 어렵다.

때문에 아토피의 치료는 면역체계에 교란을 일으킨 원인을 제거하는 방향으로 진행해야 한다. 각종 유해물질로 오염된 세포가 문제이므로 이 세포들을 깨끗이 청소하기만 하면 되는 것이다.

마시는 공기와 먹거리를 깨끗하게 하면 유해물질의 체내 유입을 차단할 수 있으니 가장 좋은 방법이긴 하다. 그러나 그게 그렇게 쉬운 일인가? 무한경쟁이 이뤄지는 현대사회에서 깨끗한 공기가 있는 곳에 가서 깨끗한 먹거리만 찾아먹는 것은 아무나 할 수 있는 일이 아니다.

알칼리 이온수를 마시고 산성 이온수로 씻는다

이제 물을 바꿔 아토피를 치료하는 과정에 대해 살펴보기로 하자. 아토피 치료에는 알칼리 이온수와 산성 이온수가 함께 쓰이게 된다. 다행히도 전기분해식 알칼리 이온수기는 알칼리 이온수만 만들어내는 것이 아니라 산성 이온수를 함께 만들어낸다.

알칼리 이온수를 마셔서 아토피를 치료한다. 우선 알칼리 이온 농도가 높은 센물을 500mL 정도 마셔서 장 클리닝을 해준다. 그리고 알칼리 이온수를 매일 2L 이상 마시면서 경과를 살핀다.

다음으로 산성 이온수가 아토피 치료에 어떻게 쓰이는지 알아보도록 하자. 알칼리 이온수가 먹는 치료제로 사용된다면 산성 이온수는 피부를 씻는 치료제로 사용될 수 있다. 실제 산성 이온수는 아스트리젠트 등의 피부 개선효과로 우리나라의 보건

●

231

복지부에 해당하는 일본의 후생성에서 인정받기도 했다.

산성 이온수는 산성의 성질을 가지고 있기에 살균작용의 효과를 나타낼 수 있다. 그러므로 피부가 짓무른 부위를 산성 이온수에 5분 이상 푹 담가주면 좋다. 눈시울의 검은 반점이나 무좀에도 좋으므로 해당 부위를 산성 이온수에 오래 노출시키면 좋다. 그러므로 아토피 환자가 산성 이온수로 씻으면 효과를 볼 수 있는 것이다.

아토피가 아닌 사람들도 산성 이온수를 사용하면 좋다. 알칼리 성분으로 이뤄진 일반적인 비누를 사용하면 피부의 유분을 녹여내어 피부를 건조하게 만든다. 따라서 아토피가 있는 사람이든 일반적인 사람이든 세척할 때 산성 이온수를 사용하는 것이 좋다. 산성 이온수는 피부를 깨끗이 할 뿐만 아니라 아스트린젠트 효과라 불리는, 모공을 수축시켜서 보습을 배가시키고 유분을 보호해주는 역할을 훌륭히 수행해낸다.

호흡계에 발생환 면역질환 기관지천식

기관지란 사람이 들이마신 숨을 폐로 연결시켜주는 인체의 기관이다. 디테일하게는 코에서 목으로 연결된 곳을 '기관'이라 하고 기관에서 폐로 직접 연결된 부분을 '기관지'라고 한다.

기관지는 호흡을 통하여 들어온 산소를 폐로 이동시키고 폐에서 나온 노폐물을 다시 기관으로 내보내는 역할을 한다. 이 과정에서 세균, 먼지 등의 이물질을 걸러내고 바이러스에 대한 면역작용을 수행하기 때문에 매우 중요한 인체 부위 중 하나라고 할 수 있다.

기관지천식은 기관지에 염증이 생겨 통로가 좁아지는 질환을 말한다. 기관지의 통로가 좁아지면 당장 호흡에 문제가 생기는데 가랑가랑하는 숨소리를 내면서 호흡을 가쁘게 쉰다. 또 기침을 심하게 하는 증상을 보이기도 한다.

아토피와 기관지천식은 서로 쌍을 이루는 질환이라고 할 수 있다. 자가면역질환 염증이 피부에 생긴 것이 아토피라면 호흡기관에 생긴 것이 기관지천식이기 때문이다. 그렇기에 기관지천식 역시 병원 치료로 쉽게 낫지 않는 난치성 질환에 해당한다.

기관지천식 환자 중에는 천식이 멈추지 않고 계속 발작하여 몇 개월이나 입원해야 하는 경우도 있다. 이때 산소호흡기를 달고 호흡을 하게 되는데, 산소호흡기를 떼면 여지없이 발작을 반복하게 된다. 병원 치료를 하여도 호전되지 않는 증상은 얼마나 고통스러울까?

기관지천식을 치료하는 알칼리 이온수

알칼리 이온수로 아토피를 치료할 수 있었기에 기관지천식 역시 알칼리 이온수로 치료할 수 있다. 알칼리 이온수로 기관지천식을 치료할 때 중요한 것은 마시는 물을 완전히 알칼리 이온수로 바꿔야 한다는 사실이다. 알칼리 이온수를 하루 2L 이상 마시면 웬만한 천식 발작은 멈춰버리게 된다.

기관지천식 환자가 꾸준히 알칼리 이온수 치료를 받으면 호흡이 좋아지는 것을 볼 수 있다. 몇 개월이나 천식 때문에 고통받던 사람이 알칼리 이온수 치료를 받은 지 단 이틀 만에 천식 발작이 거짓말처럼 멈춘 경우도 있었다.

그러나 아토피와 달리 기관지천식의 알칼리 이온수 치료는 조심해야 하는 측면이 있다. 기관지천식을 앓고 있는 사람 중에는 심장의 기능까지 나빠진 사람들이 많기 때문이다. 기관지는 호흡기관에 속하는데 호흡에 문제가 생기면 심장에도 영향을 주게 마련이다. 이로 인해 기관지천식을 앓고 있는 사람 중에는 심근경색이 생긴 사람이 더러 있다.

만약 기관지천식만 있고 심장기능에는 문제가 없는 사람이라면 집중적인 알칼리 이온수 치료만으로도 극적으로 좋아질 수 있다. 하지만 심근경색과 같은 심장 질환을 동시에 가지고 있는 사람은 알칼리 이온수 치료를 적극적으로 하기가 어려울뿐더러 치료가 되어도 기관지천식은 좋아지지만 심근경색은 잘 낫지 않는 경우가 있다.

따라서 기관지천식과 심장기능의 이상을 함께 가지고 있는 환자라면 알칼리 이온수 치료를 조금 달리해야 한다. 이 경우 알칼리 이온수를 다량으로 마시는 대신 조금씩 천천히 마시는 치료를 해야 한다. 아무리 심장기능이 약화된 사람이라 하더라도 알칼리 이온수를 조금씩 천천히 마신다면 심장에 부담을 주지 않게 된다.

혈액을 청소하여 고혈압과 당뇨 개선

한국 사회에서 고혈압과 당뇨는 이제 '국민병'이라 할 만큼 대중적인 질환으로 자리 잡고 있다. 고혈압의 경우 2021년 기준 20세 이상 성인 4,434만 명 중 30.8%가 고혈압 진단을 받은 것으로 나타났다. 약 1,368만 명이 고혈압 환자란 뜻이 된다. 2007년까지만 해도 695만 명이었는데 십수 년 사이 2배나 증가하였다.

당뇨 환자 역시 마찬가지다. 2020년 기준 30세 이상 성인 6명 중 1명이 당뇨병을 가지고 있는 것으로 나타났다. 약 600만 명이 당뇨를 앓고 있는 것으로 계산된다.

문제는 이러한 고혈압과 당뇨 환자가 계속하여 점점 더 많아지고 있다는 사실이다. 이들 모두 병원의 치료를 받고 있기에 집계된 것일 텐데 왜 환자는 줄지 않고 늘어나고 있는 것일까? 이것은 고혈압과 당뇨에 대한 병원의 치료 방향이 잘못되었음을 암시한다.

원인은 과도한 육식과 식품첨가물

과거 우리나라는 고혈압과 당뇨 환자를 찾아보기 힘든 나라였다. 그러던 나라가 어쩌다 고혈압과 당뇨 공화국이 되었을까? 이것이 서구화된 식생활 때문이라는 사실은 이미 상식처럼 되어 있다.

그렇다면 서구화된 식생활이 왜 고혈압과 당뇨를 불러올까? 서구화된 식생활의 대표적 예가 육식이다. 과거 우리나라 사람들은 육식을 많이 하지 않았는데 문명이 발전하고 식문화가 바뀌면서 갑자기 육식을 많이 하게 되었다. 현대인의 밥상을 살펴보면 고기가 안 들어가는 식단은 찾아보기가 힘들다.

육식 외에 가공식품에 들어가는 각종 화학첨가물도 문제다. 이것들은 몸에 들어가 인체의 항상성을 해치는 나쁜 작용을 한다. 때문에 오늘날 과거 찾아보기 힘든 질환들이 생기게 된 것이다. 이는 과학적으로도 상당히 증명된 사안으로 이와 관련된 책들이 쏟아지고 있는 실정이다.

과도한 육식과 화학첨가물 섭취로 인해 현대인의 인체에는 체질의 변형이 일어나고 있다. 대부분이 '산성 체질'로 바뀌어가고 있는 것이다. 인체는 원래 약알칼리성인데 신체와 혈액이 산성화되니 대사기능에 문제가 생겨 고혈압과 당뇨가 일어나는 것이다.

산성화된 체질을 개선하기 위해 가장 좋은 방법 중 하나가 바로 알칼리 이온수를 마시는 것이다. 알칼리 이온수를 마시면 몸안의 산성 성분을 중화시켜 체질을 원래대로 변화시킬 수 있다. 이렇게 알칼리 이온수를 마셔 내 체질을 다시 정상으로 돌려놓으면 자연히 이로 인해 생긴 고혈압과 당뇨도 개선된다.

논문으로 입증된 당뇨병 개선 효과

당뇨병은 아직 현대의학으로도 완치할 수 없는 난치성 질병이다. 한 번 당뇨병에 걸리면 평생 약을 먹어야 할 만큼 괴로운 질환이기도 하다. 이러한 당뇨병이 과연 알칼리 이온수를 마신다고 좋아질 수 있을지 의문이 드는 사람들이 많을 것이다.

알칼리 이온수가 당뇨 질환을 개선하는 데 도움을 준다는 정식적인 연구논문이 있어 희망을 던져준다. 일본 농예화학학회에서는 「전해 알칼리 이온수와 활성산소에 의한 항당뇨병 효과」라는 논문을 발표한 적이 있다.

이 연구를 진행한 시라하타 사네다카 박사는 천연 알칼리 이온수와 전기분해한 알칼리 이온수를 가지고 쥐의 근육세포와 지방세포에 투입하여 당 수용 정도를 관찰하는 실험을 진행하였다. 그 결과 두 종류의 알칼리 이온수 모두 근육 및 지방세포로의 당 수용을 촉진하는 것이 확인되었다.

알칼리 이온수가 이러한 효과를 나타낼 수 있는 까닭은 알칼리 이온수가 생체 내에서 인슐린과 동일한 역할을 할 수 있기 때문인 것으로 추정된다. 이 연구를 통하여 알칼리 이온수는 당뇨병 중에서도 전체 당뇨병 환자의 90% 이상을 차지하는 2형 당뇨병에 효과가 있는 것으로 밝혀졌다.

2형 당뇨병은 인슐린 분비 기능이 남아있지만 세포의 인슐린 수용체에 문제가 생겨 인슐린이 제 역할을 하지 못하는 질환이다. 그러니 인슐린의 역할을 보완하는 알칼리 이온수를 섭취하면 증상 개선을 기대할 수 있다.

실제 당뇨병을 치유한 사례

알칼리 이온수 섭취를 통하여 당뇨 환자가 개선되거나 치료된

239

사례는 수도 없이 많다. 『물과 우리생활』에도 한 가지 사례가 소개되는데, 병원에서도 증상이 호전되지 않아 도망치듯 퇴원한 한 당뇨병 환자는 우연한 기회로 알칼리 이온수로 질병을 치료하는 병원의 의사를 방문하게 됐다.

그 의사는 환자에게 다른 처방 없이 오직 일주일간 알칼리 이온수만 마시라는 처방을 하였다. 그러자 환자는 어이없어하며 "내가 그런 말 들으려고 여기 온 줄 아느냐"며 화를 내었다. 하지만 별다른 수가 없었으므로 환자는 "그럼 딱 일주일간만 알칼리 이온수를 마셔보겠노라"며 치료에 돌입하였다.

그런데 놀라운 일이 일어났다. 일주일 후 다시 병원을 찾았는데 검사 결과 당뇨수치가 정상으로 되돌아온 것이다. 그럼에도 불구하고 환자 자신은 일시적으로 나타난 현상이겠거니 생각하며 알칼리 이온수 치료에 대해 반신반의하였다. 그렇게 한 달간 알칼리 이온수 치료가 연장되었는데, 역시나 검사 결과 당뇨수치가 정상으로 되돌아온 것이 확인되었다.

이 환자는 그래도 이 의사를 믿지 못해 그전 입원했던 병원으로 다시 가 검사를 받아보았다. 그러자 그 병원 의사가 그동안 어떻게 해서 이렇게 좋아졌냐며 놀라워하는 것이 아닌가? 그제야 이 환자는 알칼리 이온수의 치료 효능을 믿게 되었다.

알칼리 이온수가 내 몸을 살렸다

고혈압을 개선하려면 혈액 속의 물을 바꿔야 한다

고혈압 환자는 고혈압의 원인이 밝혀진 경우와 밝혀지지 않은 경우 두 종류로 나눌 수 있다. 원인이 밝혀진 고혈압의 경우 대개 그 원인이 되는 질환, 예를 들면 신장질환을 고치면 고혈압도 정상으로 개선된다. 하지만 이런 경우는 소수에 불과하며 대부분의 고혈압은 '본태성 고혈압'이라 해서 그 원인이 밝혀지지 않은 것이 일반적이다.

이러한 고혈압이 계속될 경우 심장과 뇌 등에 무리를 주어 심혈관 질환이나 뇌혈관 질환 등을 일으킬 수 있으므로 주의해야 한다. 이를 예방하기 위해 병원에서는 일반적으로 고혈압약을 처방해준다. 고혈압약은 인위적으로 혈압을 낮추는 작용을 한다.

이에 고혈압 환자들은 약만 잘 먹으면 고혈압은 걱정할 병이 아니라 생각하기 쉽다. 하지만 모든 약은 독성이 있으므로 장기 복용하는 것은 위험한 일이 된다. 고혈압약을 오래 먹는 사람들을 보면 결국 다른 질병이 생겨 어려움을 겪는 모습을 볼 수 있다. 따라서 고혈압 진단을 받은 사람이라면 원인치료를 생각해야지 평생 약에 의존하겠다는 생각은 버려야 한다.

어떤 질병이든 원인치료를 하기 위해서는 말 그대로 질병의 원인을 알아야 한다. 고혈압과 가장 관련 있는 인체의 기관은 바로 혈액이다. 그렇기에 고혈압의 원인 또한 혈액에서 찾아야만 한다.

인체의 혈액은 80% 이상이 물로 되어있다. 이 물이 맑다면 당연히 혈액도 맑을 것이기에 혈관 속을 잘 흐르게 되면서 혈압을 높일 일이 없을 것이다. 하지만 이 물이 맑지 않다면 당연히 혈액도 오염이 될 것이며 몸속에서 잘 흐르지 않아 혈압이 높아지게 될 것이다.

이것은 수도관을 생각하면 금방 답이 나온다. 수도관에 맑은 물이 흐른다면 수도관이 막히는 일은 전혀 없을 것이다. 하지만 수도관에 오염수가 흐른다면 수도관은 점점 이물질이 달라붙거나 녹슬어 막히게 될 것이다. 고혈압은 이러한 원리로 생기는 것이므로 결국 고혈압의 원인치료를 위해서는 맑은 물을 공급하는 물 치료가 우선되어야 할 것이다.

물 섭취를 통한 고혈압 치료

미국의 의학박사 F. 뱃맨겔리지Fereydoon Batmanghelidj의 연구를 보면 고혈압 치료에 물이 얼마나 유효한지를 알 수 있다. 뱃맨겔

●

리지 박사는 몸이 탈수 상태에 처할 때 신체가 적응하는 과정에서 고혈압 증상을 나타낸다고 말한다.

인체는 세포 구석구석까지 혈액을 보내야 하는데 수분량이 부족해지니 혈액에 압력을 가한다. 이때 발생하는 압력이 고혈압으로 나타나게 된다는 것이다. 따라서 고혈압은 수분만 충분히 섭취해줘도 어느 정도 해결할 수 있다는 게 뱃맨겔리지 박사의 주장이다.

뱃맨겔리지 박사의 고혈압 치료 원리를 이해하면 알칼리 이온수가 고혈압 치료에도 도움이 된다는 사실에 공감할 수 있다.

알칼리 이온수는 부족한 수분을 충분히 공급하는 역할을 할 뿐만 아니라 혈액의 오염된 물을 교체해주는 역할도 하기 때문이다.

다중 질환자를 건강한 체질로 바꾼다

질병을 달고 사는 사람들은 대게 스스로를 '걸어다니는 종합병원'이라는 자조적 표현으로 소개한다. 종합병원은 자신이 여러 진료과의 치료를 받고 있다는 말로, 여러 질병을 동시에 앓는 다중 질환자라는 의미다.

대체로 인간은 신체의 한 부분이 오랫동안 아프면 다른 부분에도 문제가 생기기 마련이다. 이것은 인체의 각 기관이 제각각 돌아가는 것이 아니라 하나의 유기체로 돌아가기에 나타나는 현상이라고 볼 수 있다.

예를 들어 당뇨는 다양한 합병증을 일으키기도 하는데, 당뇨의 원인이 인슐린이기에 그와 관련된 다양한 기관에 문제가 발생하는 것이다.

문제는 병원에서 이러한 다중 질환을 하나의 유기체적 관점으로 다루지 않는다는 데 있다. 다중 질환자는 종합병원에 가도 질환들을 해결하기 위해 각기 다른 진료과를 방문한다. 만약 세 가지 질병이 있다면 세 개의 과를 찾아야 할 것이고 다섯 가지 질병이 있다면 다섯 개의 과를 찾아야 할 것이다.

소화기의 문제는 소화기내과에서 다루고 신장의 문제는 신장내과에서 다룬다. 이렇게 각각의 질환을 따로 다루다 보니 다중 질환의 근본적 원인을 파악하지 못한다. 그러니 하나는 해결되는데 다른 데 문제가 생기는 일이 파다하다. 결국 다중 질환은 해결하지 못한 채 이 병원 저 병원 떠도는 신세가 되고 만다.

알칼리 이온수로 다중 질환을 한꺼번에 고치다

『물과 우리생활』에는 알칼리 이온수로 여러 질병을 한꺼번에 고치는 사례가 나온다. 일본인 의사 E씨는 본인이 고혈압과 비만, 고콜레스테롤 혈증을 앓아 고민하고 있던 상태였다.

의사가 여러 개의 질병을 가지고 있으면 환자들에게 좋게 보일 리 만무했기 때문에 그의 고민은 더욱 심각했다. 특히 고혈압과 관련하여 평생 약을 먹어야 하는 자신의 상태는 필시 문제가 있다고 생각했다.

『물과 우리생활』에 소개되는 E씨는 자신의 고민을 해결하기 위해 알칼리 이온수를 선택했다. 그런데 알칼리 이온수를 섭취한 지 몇 개월이 지나지 않아 살이 빠지기 시작하면서 비만의 문제가 해결되었고 이어서 고혈압과 고콜레스테롤 혈중의 수치도 정상으로 되돌아왔다. 물론 고혈압약을 먹지 않은 상태에서 잰 수치였다.

『물과 우리생활』에 소개되는 20대 여성인 F씨는 저혈압과 냉증을 앓고 있던 사람이었다. 저혈압은 툭하면 어지럼증을 일으켜 주의해야 했고, 냉증은 한여름에도 두꺼운 이불을 덮고 자야 할 정도로 심했다. 그래서 냉증에 좋다는 음식은 다 먹어보았고 냉증에 좋다는 민간요법도 다 해보았으나 별다른 효과를 못 얻었다.

그러다가 알칼리 이온수를 먹어보라는 권유를 받게 되어 알칼리 이온수를 음용하기 시작했는데 그 효과는 놀라웠다. 마시기 시작한 날부터 뭔가 몸에서 열이 나는 느낌이 들기 시작하더니 마신 지 불과 일주일이 지났을 때는 이미 냉증이 사라진 것처럼 추위가 느껴지지 않았다. 혹시나 해서 혈압을 재보았더니 혈압도 정상으로 되돌아와있는 것이 아닌가? 실로 치유의 기적을 체험하는 순간이었다.

●

알칼리 이온수가 내 몸을 살렸다

다섯 가지 만성질환을 고친 사람

『물과 우리생활』에 소개되는 60대 남성인 O씨는 당뇨, 간경화, 고혈압, 변비, 신경쇠약 등 5가지 질환을 가진 다중 질환자였다. 그중 당뇨는 혈당치가 250mg/dL을 넘고, 고혈압은 수치가 270mmHg까지 올라갈 정도로 심각한 상태였다. 병원 치료를 꾸준히 받아왔으나 별다른 효과는 보지 못한 채 고통 속에 지내오던 중 의처증까지 발병하여 아내를 궁지로 몰고 갔다.

그러던 중 O씨의 아내는 성당 지인의 추천을 받았다며 알칼리 이온수를 마실 것을 권했다. 아내의 강력한 권유로 매일 알칼리 이온수를 마신 O씨는 처음에는 여러 명현반응이 나타났으나 이를 극복한 후부터 다섯 가지 증상이 모두 좋아지기 시작했다. 그리고 수개월 후 평생 약을 먹어야 한다는 고혈압과 당뇨는 물론 난치성 질환인 간경화, 변비까지 좋아지게 되었다. 이러한 증상이 개선되고 나니 신경쇠약까지 사라졌다.

O씨의 사례는 정말 놀랍다 하지 않을 수 없다. 현대의학은 아직 O씨가 앓고 있던 고혈압, 당뇨, 간경화, 변비, 신경쇠약 중 어느 하나도 정복하지 못한 상태다. 고혈압, 당뇨는 평생 약을 먹이며 증상을 완화하는 치료법을 사용하고 있을 뿐이다. 간경화는 죽을병으로 치부되면서 간이식 외에는 거의 답이 없는 상

●

태다. 변비는 말할 것도 없다. 신경쇠약은 평생 안고 가는 병으로 인식되어 있지 않은가?

미네랄 보충으로 불면증에서 해방

수면장애 100만 명 시대

건강보험심사평가원의 「국민관심질병통계」에 따르면 2021년에 불면증으로 병원을 찾은 환자 수가 약 68만 명이었다고 한다. 이것은 2017년의 약 56만 명에 비해 12만 명이나 증가한 수치다. 매년마다 불면증 환자가 3만 명씩이나 늘어나고 있다는 결론이 나온다.

일상에서 건강을 지키는 3대 비법으로는 잘 먹는 것, 운동하는 것, 잘 자는 것이 있다. 그만큼 잘 자는 것은 건강에 직접적 영향을 줄 만큼 중요한 요소다. 하루만 잠을 뒤척거려도 그날 컨디션이 나빠지는 것을 누구나 경험해봤을 것이다. 그만큼 잠이 중요한데 이처럼 소중한 잠을 잘 자지 못하는 사람들이 점점 많아지고 있다.

우리 주변에는 불면증까지는 아니더라도 수면장애에 시달리는 사람이 부지기수다. 잠을 자더라도 깊게 자지 못하거나 밤에 좀처럼 잠에 들지 못하는 경우가 너무 많기 때문이다.

이처럼 불면증 전 단계를 수면장애라고 하는데, 수면장애로 병원을 찾은 사람 역시 2017년 84만 2,856명에서 2021년 109만 7,282명으로 계속하여 늘어나고 있는 것으로 나타났다. 바야흐로 수면장애 100만 명 시대를 맞이하고 있는 것이다.

불면증의 원인은 미네랄 부족

불면증 진단을 받으면 병원에서는 수면제 처방을 해준다. 수면제는 효과가 강력해 먹으면 깊이 잠들게 해주므로 불면증에 도움을 준다. 문제는 수면제가 불면증을 근본적으로는 치료해주지 못한다는 데 있다.

약을 끊으면 다시 잠이 오지 않기 때문에 수면제 역시 고혈압 약처럼 평생 먹어야 하게 된다. 문제는 모든 약이 그렇듯이 오래 복용할 경우 부작용이 나타날 수 있다는 점에 있다. 따라서 불면증 역시 원인치료를 해야지 순간의 증상만을 없애는 대증적 치료는 건강을 위해 피하는 것이 좋다.

불면증의 원인치료를 하기 위해서는 질환이 발생한 근본 원인을 알아야 한다. 많은 연구에서 불면증을 일으키는 요인으로 미네랄 부족이 꼽힌다.

우리가 깊이 잠들기 위해서는 뇌와 신경계가 안정된 상태에 놓여야 하는데 이때 칼슘, 마그네슘, 나트륨과 같은 미네랄이 필요하다. 이들이 부족하면 뇌와 신경계가 흥분 상태에서 쉬 가라앉지를 못해 불면증이 발생하는 것이다. 특히 칼슘은 우리 몸에서 수면을 관장하는 호르몬인 멜라토닌을 생성하는 데에 직접적으로 관여하고 있어 매우 중요하다.

불면증을 해소시키는 알칼리 이온수

전기분해 방식으로 생산된 알칼리 이온수는 일반적인 물에 비해 미네랄 함유량이 매우 높다. 이러한 알칼리 이온수를 주기적으로 마시면 칼슘, 마그네슘, 나트륨과 같이 신경계가 안정되는 데 필요한 미네랄들을 충분히 섭취할 수 있다.

알칼리 이온수로 미네랄을 섭취하는 게 특히 좋은 이유는 변형되지 않은 미네랄을 섭취할 수 있기 때문이다. 칼슘과 마그네슘, 나트륨은 열을 가하는 조리 과정에서 흡수되기 어려운 형태로 변하는 특성이 있다. 이에 반해 알칼리 이온수를 마시면 이온 상태의 미네랄을 그대로 섭취할 수 있어 더더욱 좋다.

불면증 환자가 알칼리 이온수를 마시고 불면증에서 벗어났다는 사례는 쉽게 찾아볼 수 있다. 그들은 오히려 그 효과가 너무 강력해 지나치게 잠이 오는 경험을 할 수도 있어 조심해야 한다고 조언한다.

『물과 우리생활』의 저자 하야시 히데미츠 박사는 불면증을 앓다가 알칼리 이온수로 나은 경험을 직접 한 주인공이기도 하다. 하야시 박사는 알칼리 이온수 치료 후 자가운전으로 집에 돌아오는 길에 하도 잠이 쏟아져 교통사고를 일으킨 적이 있다고 고백했다.

그는 이런 경험이 있었기에 이후부터는 알칼리 이온수 치료 후의 운전은 피했는데, 한 번은 어쩔 수 없이 고속도로 운전을 하게 되었다. 이때도 잠이 쏟아지기에 위험을 느끼고 즉시 휴게소에 들러 차에서 내린 후 잔디에 누워 잠을 청했다. 그리고 깨어보니 한 시간이나 지난 후였고 온몸에 개미가 기어다니고 있는 것을 발견했다.

●

알칼리 이온수가 내 몸을 살렸다

불면증 환자였던 사람이 잔디 위에서 몸에 개미가 기어오르는 것도 모른 채 무려 한 시간이나 숙면을 취할 수 있었던 것이다. 그는 불면증에 대한 알칼리 이온수의 효과가 이처럼 대단하다고 밝혔다.

●

비만의 원인을 제거하는 알칼리 이온수

만병의 근원 비만

마른 체형을 타고난 사람이 아니라면 누구나 한번쯤 다이어트를 생각해보기 마련이다. 실제 통계자료에도 이는 잘 나타나 있다. 글로벌 정보분석 기업 닐슨이 발간한 「건강과 웰빙에 관한 글로 벌 소비자 인식 보고서」에 따르면 한국인 응답자의 60%가량이 자신이 과체중이라고 여긴다는 결과가 나왔다. 그리고 응답자의 55%가 현재 다이어트 중이라고 밝히기도 했다.

　다이어트는 한국뿐 아니라 전 세계의 화두이기도 하다. 전 세계 사람을 대상으로 한 조사에서는 응답자의 50%가량이 다이 어트를 하고 있는 것으로 나타났다. 이처럼 다이어트를 하려는

알칼리 이온수가 내 몸을 살렸다

성향은 전 세계적 현상이라고 할 수 있다.

사람들이 다이어트를 하려는 마음은 크게 두 가지 이유 때문일 것이다. 하나는 예쁘게 보이려는 외모관리 차원일 것이고, 또 하나는 비만이 건강을 해친다는 건강관리 차원일 것이다. 어떤 이유에서건 비만인 상태는 좋지 않으므로 다이어트를 하는 것은 바람직한 방향이라고 할 수 있다.

비만이 건강에 좋지 않은 이유는 어렵지 않게 찾을 수 있다. 비만은 체지방이 과다하게 쌓인 상태를 뜻한다. 체지방이 많으면 일단 조금만 움직여도 숨이 차며 과다한 체중을 지탱할 근육이 부족하므로 관절통 등도 쉽게 나타날 수 있다.

비만이 심해지면 혈관이 좁아지므로 심혈관 질환이 쉽게 나타날 수 있다. 이와 관련된 고혈압, 당뇨병, 고지혈증, 지방간 등에도 취약하게 된다. 따라서 비만은 질병 예방을 위해서도 반드시 해결해야 할 과제인 것이다.

다이어트보다는 비만의 원인을 찾아라

비만을 해소한다고 하면 음식량을 줄이고 운동량을 늘리는 등 다이어트를 하는 것이 일반적이다. 그런데 사실 식욕은 인간의

3대 본능 중 하나이기에 음식량을 줄인다는 것이 보통의 결심이 서지 않고서는 쉽지 않은 일이다. 반대로 운동량을 늘리는 것은 몸을 힘들게 하므로 노력이 동반되어야 한다. 이 역시 보통 이상의 결심을 하지 않고서는 할 수 없는 행동이다.

　이런 이유로 다이어트는 늘 생각만 맴돌 뿐 실천하기가 매우 어렵다. 혹 다이어트에 성공한다 하더라도 요요현상으로 끝나는 경우가 태반이다. 시중에 나오는 다이어트 식품을 먹는 사람도 있을 테지만 효과를 보는 경우가 적다. 효과를 본다 해도 식품을 끊는 순간 요요가 오기 마련이다.

　비만 또한 그 원인을 파악해 치료하는 것이 중요하다. 어떤 사람은 기초대사량이 높아 아무리 먹어도 살이 찌지 않는 체질이 있는가 하면 어떤 사람은 기초대사량이 낮아 물만 마셔도 살이 찌는 느낌이 드는 체질도 있다. 이러한 체질은 어떠한 차이에 의해 발생하는 것인가?

　'세포의 대사효율'에 정답이 있다. 어떤 사람의 세포는 대사효율이 매우 높아 음식을 먹으면 세포들이 바로바로 에너지로 만들어 사용한다. 이런 사람은 살도 잘 안 찔뿐더러 에너지도 넘치고 건강하다.

　반대로 세포의 대사효율이 떨어지는 사람은 음식을 먹어도 세포들이 좀처럼 에너지로 만들어 사용하지 않는다. 그러다보면 혈액 속의 인슐린은 남아도는 에너지들을 지방으로 만들어 저장해버린다. 이런 사람은 에너지 대사가 잘 이뤄지지 않다보니 컨디션도 좋지 않다.

세포를 청소하는 알칼리 이온수

세포의 대사효율을 떨어뜨리는 원인은 바로 세포 안에 있는 산성 노폐물이다. 원래대로라면 이들은 세포의 대사 과정에서 생겨나 자연스레 세포 밖으로 배출되어야 한다. 그러나 유전적, 환경적 요인에 의해 잘 배출되지 않는 경우가 생긴다.

이때 알칼리 이온수를 마시면 산성 노폐물을 몸 밖으로 내보낼 수 있게 된다. 알칼리 이온수는 다른 물과 달리 클러스터의 크기가 작아 원활하게 세포 내부로 통과할 수 있다. 때문에 세포 내부의 불필요한 물질을 걸러내는 청소 작용을 하는 것이다.

이로 인해 세포 내부가 깨끗해지고 세포의 대사효율이 올라가면 조금만 신경 써도 살이 금방금방 빠지는 마른 체질이 될 수 있다. 실제 알칼리 이온수를 마시고 체중감량에 성공했다는 사례도 무수히 많이 보고되고 있다.

『물과 우리생활』의 저자 하야시 박사 또한 한때는 신장 170cm에 몸무게 100kg이 넘는 비만 환자였다. 그러나 알칼리 이온수 치료를 통하여 70kg까지 체중을 줄일 수 있었다고 한다. 그것도 불과 1개월 만에 30kg을 줄인 것이니 알칼리 이온수의 다이어트 효과가 대단하다 하지 않을 수 없다.

알칼리 이온수가 내 몸을 살렸다

알칼리 이온수가 내 몸을 살렸다

1판 1쇄 인쇄 2024년 2월 23일
1판 1쇄 발행 2024년 3월 4일

지은이   조규대
펴낸이   이종문(李從聞)
펴낸곳   국일미디어
등 록   제406-2005-000025호
주 소   경기도 파주시 광인사길 121 파주출판문화정보산업단지(문발동)
사무소   서울시 중구 장충단로8가길 2(장충동1가, 2층)

영업부   Tel 02)2237-4523 | Fax 02)2237-4524
편집부   Tel 02)2253-5291 | Fax 02)2253-5297
평생전화번호 0502-237-9101~3

홈페이지   www.ekugil.com
블 로 그   blog.naver.com/kugilmedia
페이스북   www.facebook.com/kugilmedia
E-mail   kugil@ekugil.com

ISBN 978-89-7425-901-3 (13590)

*값은 표지 뒷면에 표기되어 있습니다.
*잘못된 책은 구입하신 서점에서 바꿔드립니다.